JN187421

オワンクラゲ（下村 脩博士提供）

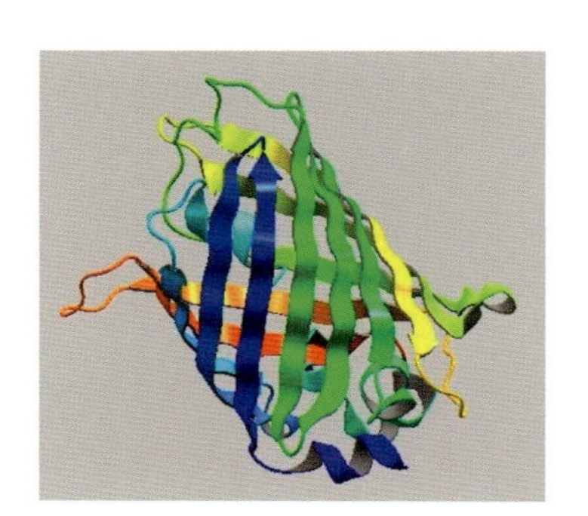

GFP の三次元構造
（Protein Data Bank Japan : PDBj 提供）

口絵　オワンクラゲと緑色蛍光タンパク質（GFP）の構造
（本文 p.5 参照）

基礎から学ぶ ケミカルバイオロジー

日本化学会［編］

上村大輔
袖岡幹子
阿部孝宏
闐闐孝介
中村和彦
宮本憲二［著］

共立出版

『化学の要点シリーズ』 編集委員会

『化学の要点シリーズ』
発刊に際して

現在，我が国の大学教育は大きな節目を迎えている．近年の少子化傾向，大学進学率の上昇と連動して，各大学で学生の学力スペクトルが以前に比較して，大きく拡大していることが実感されている．これまでの「化学を専門とする学部学生」を対象にした大学教育の実態も大きく変貌しつつある．自主的な勉学を前提とし「背中を見せる」教育のみに依拠する時代は終焉しつつある．一方で，インターネット等の情報検索手段の普及により，比較的安易に学修すべき内容の一部を入手することが可能でありながらも，その実態は断片的，表層的な理解にとどまってしまい，本人の資質を十分に開花させるきっかけにはなりにくい事例が多くみられる．このような状況で，「適切な教科書」，適切な内容と適切な分量の「読み通せる教科書」が実は渇望されている．学修の志を立て，学問体系のひとつひとつを反芻しながら咀嚼し学術の基礎体力を形成する過程で，教科書の果たす役割はきわめて大きい．

例えば，それまでは部分的に理解が困難であった概念なども適切な教科書に出会うことによって，目から鱗が落ちるがごとく，急速に全体像を把握することが可能になることが多い．化学教科の中にあるそのような，多くの「要点」を発見，理解することを目的とするのが，本シリーズである．大学教育の現状を踏まえて，「化学を将来専門とする学部学生」を対象に学部教育と大学院教育の連結を踏まえ，徹底的な基礎概念の修得を目指した新しい『化学の要点シリーズ』を刊行する．なお，ここで言う「要点」とは，化学の中で最も重要な概念を指すというよりも，上述のような学修する際の「要点」を意味している．

本シリーズの特徴を下記に示す．

1）科目ごとに，修得のポイントとなる重要な項目・概念などをわかりやすく記述する．
2）「要点」を網羅するのではなく，理解に焦点を当てた記述をする．
3）「内容は高く」，「表現はできるだけやさしく」をモットーとする．
4）高校で必ずしも数式の取り扱いが得意ではなかった学生にも，基本概念の修得が可能となるよう，数式をできるだけ使用せずに解説する．
5）理解を補う「専門用語，具体例，関連する最先端の研究事例」などをコラムで解説し，第一線の研究者群が執筆にあたる．
6）視覚的に理解しやすい図，イラストなどをなるべく多く挿入する．

本シリーズが，読者にとって有意義な教科書となることを期待している．

『化学の要点シリーズ』編集委員会
井上晴夫（委員長）
池田富樹　伊藤　攻　岩澤康裕　上村大輔　佐々木政子　高木克彦

はじめに

近年，ケミカルバイオロジーはポストゲノムの新分野として，強く認識されるようになった．欧米では化学の新しい方向としておおいに期待され，名称を化学教室から化学・ケミカルバイオロジー教室に変えたところが少なくない．一方，日本では天然物化学（科学）が世界的にみても成熟しており，とくに大きな変化なく過ぎた感があった．しかしながら，医学・創薬学系からの大きな期待が湧き起こり，各分野への化学者の取込みが起こったことも事実である．加えて，下村 脩博士の緑色蛍光タンパク質（GFP）の発見を端緒とした，分子イメージングの急速な発展がこの分野の発展を大きく加速するに至った．そして2008年のノーベル化学賞はまさに日本のケミカルバイオロジーの分野の研究者の愁眉を開くできごととなった．もちろん，GFPがタンパク質であるがゆえに研究上欠かせないツールとなったことはいうまでもなく，同時受賞のM. Chalfie, R. Y. Tsien両博士の貢献もきわめて大きい．

その後，2015年にはノーベル生理学医学賞が，オンコセルカ症をはじめとする非常に惨めな感染症，風土病の治療法を開発した，大村 智博士とW. C. Campbell博士，またマラリアの治療薬の発見に貢献した中国のYou-You Tu博士の3人の研究者に与えられた．この大きなトッピクスも研究者を勇気づけている．天然由来の小分子による生命科学への貢献を強く印象づけ，天然物の化学ライブラリーの有用性がおおいに謳われたのである．

今後の日本の問題としては，植物による生合成マシナリー研究が挙げられる．欧米における，たとえばアブラナ科植物での遺伝子操作によるテルペン合成技術の進展，とくにエネルギー問題をもとにした屋外での栽培研究等は目覚ましいものがあり，日本は大きく遅れているといわざるをえない．しかし，この分野も日本が遅れをとってはならない研究プラットフォームであり，挽回するには政府の理解なくしては有効な展開ができないことも事実である．また，日本が古くから研究を重ねてきた生薬学の分野での，Traditional Chinese Herb（TCR）研究も指をくわえて見ているわけにはいかない．中国では，巨額の研究資金を投入して，自国の産業に貢献しようとしている．

本書で取り扱うケミカルバイオロジーの基礎知識は，日本には現在少ない専門研究者，専門研究室の立ち上げを期待して著したものであり，大学院へと諸君が進学成長し，日本のケミカルバイオロジーの嚆矢となって活躍されることを夢見ている．

2016年10月

上村　大輔

目　次

第3章 ケミカルバイオロジーの実践 －化合物が解き明かす生命現象－ ……93

コラム目次

第1章

ケミカルバイオロジーとは

ケミカルバイオロジーはchemistry-initiated biologyと説明されるように，化学的な手法によって生物現象を解明する，ポストゲノム時代の若い研究分野である．生命現象は分子レベルにおいて酵素やDNAなどの生体高分子が機能あるいは制御する現象として理解されるが，ヒトの遺伝子が完全に読まれた今日でも，化学的手法によってのみ理解しうる生命現象が残されているのが現実である．

ケミカルバイオロジーはツールとなる機能性低分子の開発に負うところが多い研究分野であるが，それ以前に化学物質を基盤とした研究には大きく2つの潮流があった．ひとつは生薬研究を源流とする創薬研究であり，もうひとつは天然有機化合物を主体とした生理活性物質研究である．

1.1　創薬研究と生物活性物質研究

創薬研究では，おもに人体ないしはヒトに寄生する微生物に対する作用を指標として研究が行われた．有史以前から人類は経験的に天然物（おもに植物起源）（図1.1）を疾病の治療などのQOL（Quality of Life）の向上に役立ててきた．この活性成分を化学的に精製する研究はおもに19世紀の後半から進められ，化学構造の研究から活性発現メカニズムの研究に至った．化学構造には合成化学

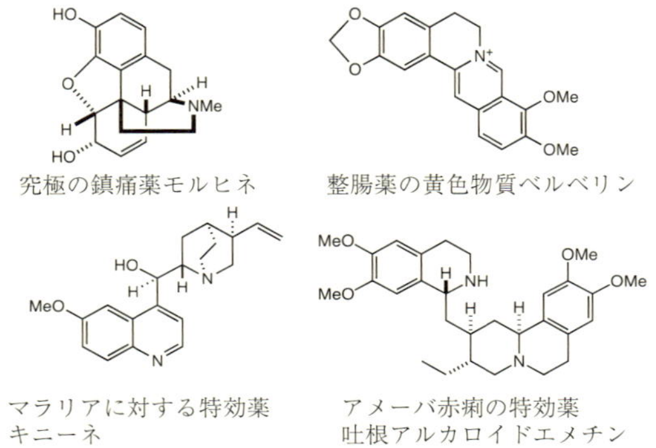

究極の鎮痛薬モルヒネ　　整腸薬の黄色物質ベルベリン

マラリアに対する特効薬
キニーネ

アメーバ赤痢の特効薬
吐根アルカロイドエメチン

図 1.1　各種疾病の治療に使われる代表的な植物由来の医薬品

的に改良が加えられ，自然界にはありえない構造を有する化学物質が医薬品や農薬として用いられるようになるには，さほどの時間を要しなかったはずである．同時にこうした化学物質の機能を生物側から観察する研究として薬理学が生まれ，創薬研究のマンパワーはおもにこちらに注力されるようになっていった．創薬研究はいわば目的指向型で，それゆえに今日の製薬産業の発展につながった．

一方，生理活性物質研究も，植物成分など直接的に人体に作用を及ぼす天然物に関わる研究が起源である．分離精製技術や機器分析の進歩，あるいは合成有機化学の発展によっておもに化学的な興味から研究が発展した．ヒトに対して薬理活性を示す物質はもとより，毒性などの強力な活性を示す物質が，微生物や海洋生物などから次々と単離され，その化学構造が決定された．さらにおもに学術的な興味から合成研究が進められ，その生物機能が次々と明らかになってきた．

こうした研究の発展に伴い，医農薬や天然物などの（低分子）生理活性物質が生物機能を調節するしくみに関心が集まるようになっていった．同時に未知ないし未解明の生命現象を，化学物質またはそれによる反応現象に基づいて解明しようという機運が生まれるに至った．こうして誕生したのがケミカルバイオロジーという研究分野である．

1.2　ケミカルバイオロジーの創成

ケミカルバイオロジーの創成期に先導的な研究を果たしたとされるのは，ハーバード大学のS. L. SchreiberらのFK506（図1.2）に関わる研究（3.1節参照）である．免疫抑制薬であるFK506は藤沢薬品工業（現：アステラス製薬）によって1984年に発見されたマクロラクタム系抗生物質であり，当初研究の興味の対象は全合成にあったが，複雑分子の全合成競争で完結する研究の形態には当時から疑問が投げかけられつつあった．彼らはその疑問に対する回答として，その後の研究を視野に入れた全合成研究を展開していった．これにはアフィニティー樹脂の調製を念頭においた中間体設計と誘導が含まれている．このあと，FK 506の結合タンパク質であるFKBP（FK binding protein）の発見，タンパク質複合体による下流のタンパク質脱リン酸化酵素の阻害などが明らかになり，免疫抑制という複雑な生物機能が分子レベルで次々と解明されていった．このように特定の生理活性を示す有機分子を，分子プローブという表現でよぶようになった．プローブは探針を意味し，未知の生物現象を探るというケミカルバイオロジー研究の哲学を示すキーワードである．SchreiberによるFK506の研究は現在ではケミカルバイオロジーやケミカルゲノミクスの“始まり”とされるが，切れ味のよい生理活性を有する天然有機化合物の有用性をまざまざと再認識させるものであり，その先に広がる新たな研究分野の大きさを知らされ

図 1.2　ケミカルバイオロジー研究の引き金となった免疫抑制薬 FK506 分子の構造とその発見者アステラス製薬の後藤俊男博士およびケミカルバイオロジーの中心研究者 S. L. Schreiber 博士

ることになった．

1.3　バイオイメージング

一方，細胞や組織で生体分子がどのように機能しているのかを見ることは，生命科学研究の長年の夢であった．これを実現したのがバイオイメージング技術である（3.3 節参照）．生体分子の機能を，光や色として非侵襲的に生きたままの姿を時空間解析できることで，情報量が飛躍的に拡大した．その端緒となったのが，2008 年のノーベル化学賞に輝いた R. Y. Tsien らによる Fura 2 の開発であ

オワンクラゲ（下村 脩博士提供）

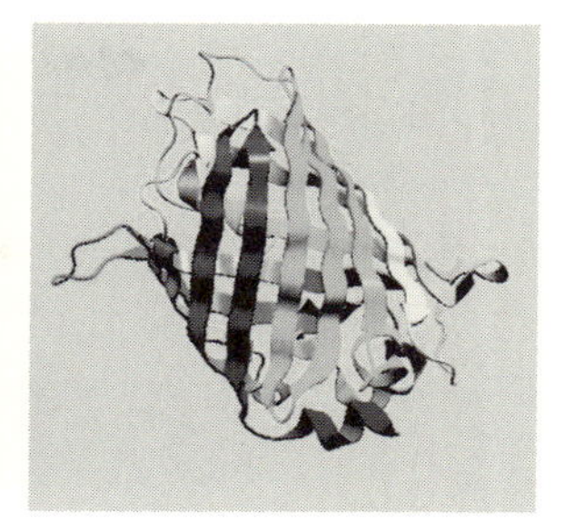

GFP の三次元構造
（Protein Data Bank Japan: PDBj 提供）

図 1.3　オワンクラゲと緑色蛍光タンパク質（GFP）の構造
（カラー図は口絵参照）

る．Fura 2 は細胞内 Ca^{2+} 濃度測定を蛍光発色によって μmol L^{-1} オーダーで可能にし，Ca^{2+} イオンが関与する重要な生命現象（とくにシグナル伝達）の解明に大きく貢献することとなった．Tsien らが最初に Fura 2 を報告した論文の被引用回数は 20,000 回を超えており（2016 年 6 月），その影響力の大きさが理解される．さらにケミカルゲノミクスの立場からは，オワンクラゲから下村 脩によって発見された GFP（緑色蛍光タンパク質）があり（図 1.3），遺伝子発現マーカーとしての有用性が M. Chalfie らによって明らかにされた．もちろん下村も Chalfie も 2008 年のノーベル化学賞の共同受賞者である．今日では生体内タンパク質の動的観測や相互作用の解析への応用が進んでいる．

1.4　天然物有機化学

　このように機能性小分子が，生物現象の解明に直接的に役立つようになったことは大きな驚きをもって迎えられたが，最初に述べたようにそもそも創薬研究や生理活性物質研究などの基盤があった事実を見落とすことはできない．とくにわが国においては，フグ毒研究に代表される天然有機化合物研究が盛んに行われていた．フグ毒（テトロドトキシン）（図1.4）に関わる研究では，神経細胞におけるナトリウムチャネルの解明へと発展した経験がある．これは天然毒であるテトロドトキシンを分子プローブとしたケミカルバイオロジー研究そのものであった．そういう意味ではケミカルバイオロジーは古くて新しい研究であるとも，先祖返りであるともいうことができる．加えて，猛毒パリトキシン（図1.4）もイオンポンプの解明にはなくてはならない役割を演じている．

一方，生化学研究では遺伝子解析が発展し，網羅的にすべての遺伝子情報を読み取るゲノム解析が行われている．またタンパク質の

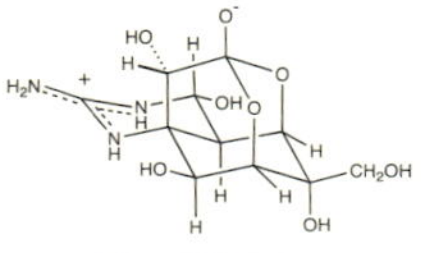

テトロドトキシン

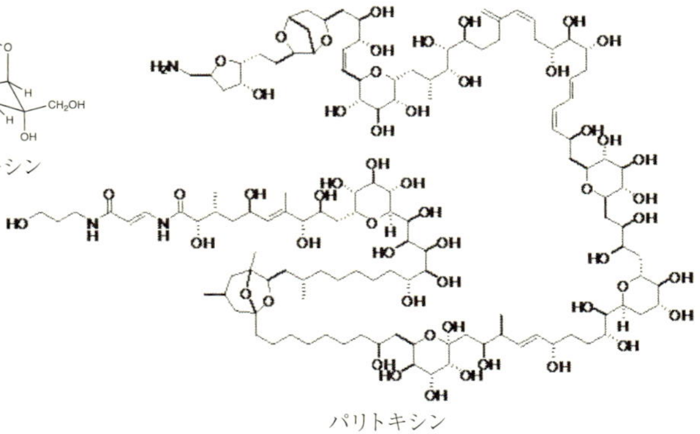

パリトキシン

図1.4　神経細胞へのNa^+イオンの流入を阻害するフグ毒テトロドトキシン（電位依存性Na^+イオンチャネル遮断）の構造とNa^+, K^+ ATPase（イオンポンプ）に作用して神経細胞内にNa^+イオンの流入を起こす腔腸動物毒パリトキシンの構造

網羅的解析を目的とするプロテオミクス研究などが盛んに行われるようになった．“総体”や“全体的な”を意味する接尾語 -ome を使って一般にオミクス解析とよばれている．しかし，ケミカルバイオロジーでは生物が接触する化学物質を網羅的に解析することは，基本的に困難である．全ゲノム解析が完了したヒトにおいても遺伝子の総数は3万個程度の有限な数であるのに対し，天然物に限っても人類が経験的に住環境から摂取してきた他生物（植物，動物，微生物など）由来の化学物質はほぼ無限に存在する．さらに未知の化学物質を含めれば，その多様性は無限大に発散することになるのである．

1.5 ケミカルライブラリー

そこで考えられたのは，有限（ただし多数）の化学物質をデータベースとして保有し，網羅的なスクリーニングに供するケミカルライブラリーという考え方である．スクリーニングにおいて，場合によってはロボットを使った評価系を駆使し，化合物の隠された機能を掘り出してくることになる．さらに仮想的なリガンド-タンパク質相互作用を評価する *in silico* 評価系などを有機的に組み合わせることによって，無限の組合せの中から有用な情報を引き出すバイオインフォマティクス（あるいはケモインフォマティクス）のような手法も必要となる．現在，わが国では理化学研究所を中心にケミカルライブラリーの整備が始められ，創薬研究の現場に使われつつある．

1.6　日本でのケミカルバイオロジー展開

このようにケミカルバイオロジーでは多くの手法を有機的に組み合わせる必要があるが，わが国ではそもそも天然物などの低分子の有機化合物を取り扱う研究分野を得意としてきたという背景がある．さらに研究レベルの高い薬学や農芸化学の影響もあって，ケミカルバイオロジー研究が多彩に展開されるようになってきたのは喜ばしいかぎりである．文部科学省科学研究費補助金でも，ケミカルバイオロジーが時限ジャンルを経て正規の研究種目として採用され，"化学を起源とする生物学研究"の重要性が認識されてきたように思われる．

学術雑誌を見ても，1994年に創刊された *Chemistry & Biology* に引き続き，英国王立化学会による *Organic & Biomolecular Chemistry*（2003年創刊），*Nature Chemical Biology*（2005年創刊），*ACS Chemical Biology*（2006年創刊）など，新しい雑誌が続々と生まれ，研究分野の発展を予感させるものとなっている．もちろんわが国からも多くの論文が投稿され，誌面を飾っている．

わが国では2005年に日本ケミカルバイオロジー研究会が設立され，2008年には学会に体制を変更して現在に至っている．研究分野は多岐にわたっており，若い学問分野の躍動感に満ち溢れている．先にも述べたように，2008年のノーベル化学賞は「緑色蛍光タンパク（GFP）の発見と開発による生命科学の発展への顕著な貢献」として，下村 脩，M. Chalfie および R. Y. Tsien に贈られた．今後の研究分野の発展の確かな道標として，この受賞をケミカルバイオロジー研究者として喜び，そしてとくに若い研究者にとって，ケミカルバイオロジーの無限の可能性を探索する励みになることを願っている．

第2章

ケミカルバイオロジー理解のために

2.1　細胞の成り立ち

生命の基礎単位は細胞である．細胞には核膜の存在しない原核細胞と，遺伝子の含まれる染色体が格納された核をもつ真核細胞（図2.1）があり，その核は核膜によって細胞質と隔離されている．この場合核膜には相当大きな孔があり，ここをある種のタンパク質やmRNAが出たり入ったりする．原核細胞では核膜はなく，核様体が染色体DNAをまとめている（図2.1）．

2.1.1　原核細胞とその構造

原核生物とは，原核細胞からなる比較的進化の歴史の長い生物である．地球上で最も数や種類に多様性があるといわれる．さまざまな環境に順応できる生物で，高熱，低温，高塩条件でも繁殖し，とくに感染症に関与するものが非常に多い．原核生物は比較的厚い細胞壁で覆われているが，なかには薄い細胞壁で覆われているものもある．これらはグラム染色法（1884年，C. Gram）で区別され，前者はグラム陽性，後者はグラム陰性とよばれる．分類上は，原核細胞をラン藻植物（シアノバクテリア）と細菌の2種類に分け，後者をさらに19群に分ける場合もある．興味深いことに，マイコプラズマ（直径0.12 μm程度の大きさ）とよばれ，細胞壁をもたな

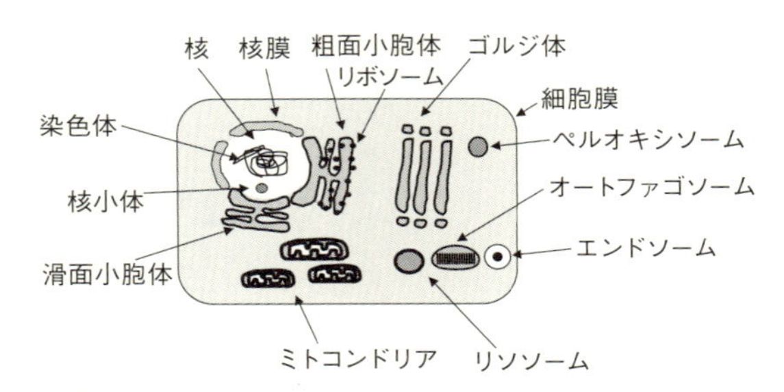

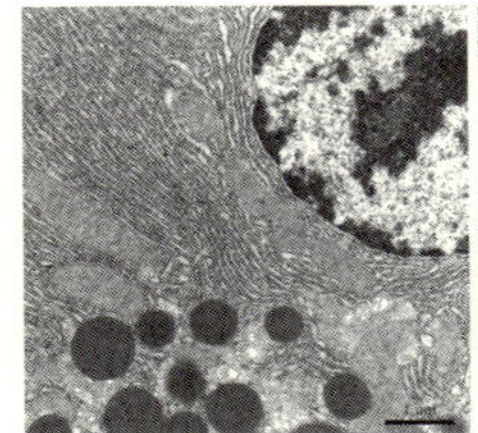

マウスの膵臓細胞（真核細胞）
核，粗面小胞体，ミトコンドリアが観察される．

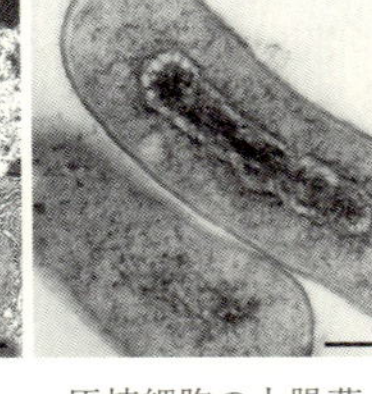

原核細胞の大腸菌
核様体，繊毛，細胞膜が観察される．

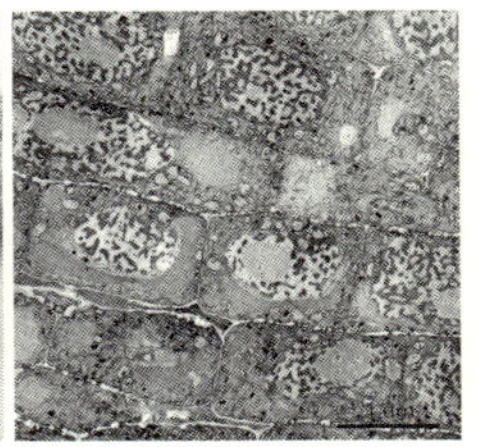

タマネギの根端細胞（真核細胞）
核，液胞，ミトコンドリアの存在が観察される．

図 2.1　細胞の TEM（透過型電子顕微鏡）写真（JEOL 社提供）と真核細胞の概略図（上）

い，生きた細胞としては最も小さなものも存在する．

近年，遺伝子情報による分類が正当性をもつようになってきている．C. Woese はリボソーム RNA の配列から系統樹を作成し，古細菌（アーキア）とよばれる一群と，従来の真正細菌（バクテリア）に分けうると判断している．すなわち，図 2.2 に示すような進化系統樹を提案しており，本分類が理解しやすいものと考えられる．

原核生物のなかには細胞壁を莢膜が包んでいるものもある．グラム陰性菌で付着性のある海洋細菌に多い．鞭毛をもって動き回ったり，ある細菌では繊毛をもって接合のときに使ったり（性繊毛），

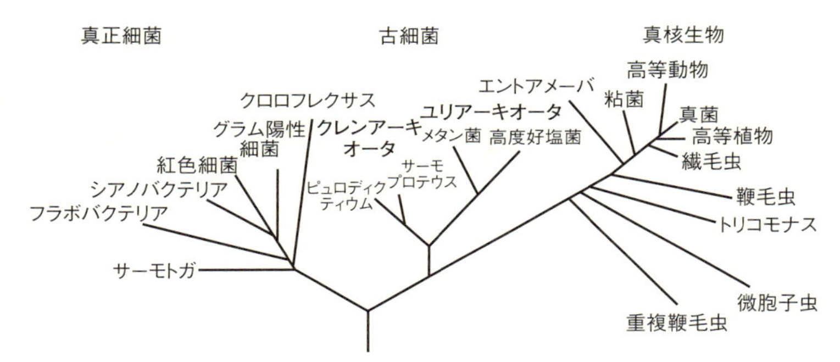

図2.2 進化系統樹（Wheelis, M. L., *et al.*, *Proc. Natl. Acad. Sci.*, **89**, 2930（1992））

寄生宿主に対して接着するために使うこともある．

2.1.2 真核細胞とその構造

原核細胞であるラン藻植物や細菌など以外のほとんどの動物，植物の細胞は真核細胞からなる．細胞膜が存在し，エキソサイトーシス（開口放出）やエンドサイトーシスによって相当大きな物質の外部とのやり取りが可能で，たとえば細菌を取り込み消化するなど原核生物の場合とは異なる．原核細胞における分子レベルでの吸収とは異なり，真核細胞での主たる取込み機構となっている．真核細胞は相当機能が多彩で，細胞の大きさ，体積ともに勝っており，細胞の内部にはさまざまな機能を備えたオルガネラ（細胞小器官）をもっている．なかにはそれ自体が進化的には原核細胞であったと考えられる，葉緑体（クロロプラスト）やミトコンドリアなども存在する．

ここで真核細胞の微細構造を検討しておこう（図2.1）．

核：真核細胞の重要な特徴のひとつであり，核膜によって細胞質とは隔離されており，遺伝情報の貯蔵庫である．遺伝学で中心となってきた染色体は塩基性色素でよく染まりその名があるが，遺伝子DNAと塩基性タンパク質，ヒストンの複合体である．ヒトのDNAは3ギガ塩基対（Gbp）からなり，遺伝情報を保存している．DNAにコードされた情報は，核内でRNA分子に転写され，核膜を通り細胞質へと運ばれ，リボソームでタンパク質として合成される．核膜は二重膜となっており，直径9nmの孔（核膜孔）が存在し核膜を介した物質輸送を担っている．核内にはさらに核小体（仁）があり，リボソームRNA（rRNA）の合成が行われており，リボソームが組み立てられる．

小胞体：小胞体には粗面小胞体と滑面小胞体がある．いずれも細胞質に網目状に広がったチューブ状あるいは袋状一重膜構造であり，粗面小胞体にはリボソームが点在し膜タンパク質や分泌タンパク質を合成する．一方，滑面小胞体ではリボソームはなく脂質合成を司る．これら小胞体で合成されるタンパク質のほとんどはゴルジ（Golgi）体に運ばれ成熟させられる．

ゴルジ体：膜でできた扁平な袋が層状に重なりあった構造をしている．粗面小胞体で合成されたタンパク質の糖鎖による修飾や，分泌タンパク質と膜タンパク質などに対して輸送経路の仕分けを行う．

ミトコンドリア：真核細胞内の呼吸器官であり，エネルギーすなわちアデノシン三リン酸（ATP）合成を司る．ミトコンドリアには外膜と内膜があり，膜間部と内部マトリックスを隔てる．内膜と内部マトリックス部分でATPが合成される．内部には独自のDNA，RNA，リボソームが存在してタンパク質合成を行い，これ自身が大きさからも細菌に類似している．かつて共生した好気性細菌が居残って，真核細胞から養分を得る代償にエネルギーを差し出していると考えられている．

リソソーム：1層の膜構造を有し，ゴルジ体から生じるといわれている．内部には加水分解酵素を含み，エンドサイトーシスで取り込んだものを分解し，再利用することが知られている．

細胞膜：脂質二重層からなり，2.5 nm の厚みのある脂質の層が疎水性相互作用によって向かい合って二重層を形成しており，3～6 nm の厚みがある．この表面には受容体，イオンチャネルなどの膜タンパク質が埋まって自由に移動することができる．このような構造は流動モザイクモデルとよばれる．

エンドソーム：エンドサイトーシスによって形成される小胞．取り込まれた細胞外分子や膜タンパク質の輸送に関わっている．一部はリソソームと融合して不用な物質を分解する．

オートファゴソーム：細胞内の大規模分解であるオートファジーに関与する一重膜からなる小胞．健常時には存在しないが，栄養飢餓などで多数誘導され，細胞質タンパク質やオルガネラを内包する．最終的にリソソームと融合して内容物を分解する．オートファジーは自食作用ともよばれ，栄養飢餓のような非常時に細胞の生命維持に要する部品を調達する目的がある．これとは別に，傷んだオルガネラの除去にも利用される．

ペルオキシソーム：リソソームに似た構造をしているが，細胞内の酸化物質，とくに H_2O_2 を分解するオルガネラで，過酸化物のスカベンジャーとして機能している．内部には過酸化水素分解酵素であるカタラーゼを含んでいる．

細胞骨格：骨はわれわれの体を支え，運動にも重要な役割を果たしている．細胞レベルでも，繊維状の構造物が骨と似たようなはたらきをしており，細胞骨格とよばれる．細胞骨格は細胞の形態を維持し，細胞の運動に必要な力を生みだす．太さの違いによって，マイクロフィラメント（6 nm），中間径フィラメント（10 nm），微小管（25 nm）の 3 種類に大別できる．マイクロフィラメントはアクチン，中間径フィラメントは主としてケラチンやデスミン，微小管はチューブリンというタンパク質からなるポリマーで，これらのタンパク質が重合–脱重合することで細胞骨格の伸長と短縮が行われる．マイクロフィラメントはミオシンと共同して細胞質流動をつくりだし，また骨格筋をつくる．微小管は鞭毛や繊毛を形成し，細胞分裂時には染色体の分配に関与する．ちなみに，種なしスイカは微小管

コラム1

分泌タンパク質の輸送とケミカルバイオロジー

膜タンパク質や分泌タンパク質は粗面小胞体表面にあるリボソームで合成されながら，同時に小胞体内に運ばれる．小胞体内腔では，新生タンパク質に対してジスルフィド結合の形成（2.4.1 項参照）や糖鎖付加（2.5.2 項参照）といった修飾が行われると同時に，フォールディングが起こって立体的な構造が決定される．小胞体内での作業が完了したタンパク質は次にゴルジ体へと運ばれる．

ゴルジ体は扁平な袋が層状に積み重なった構造をしているが，小胞体に近い方から順にシス，ミディアル，トランスゴルジとよばれ，それぞれ異なる機能をもつ．ゴルジ体に輸送されたタンパク質はこの順番にゴルジ体を通りながらさらなる修飾を受け，成熟タンパク質として細胞表面に提示されたり細胞外へ分泌されたりする（順行輸送）．しかし，なかには未成熟なタンパク質を小胞体へと戻す経路も存在する（逆行輸送）．このようなタンパク質の移動は，これらオルガネラから出芽した脂質二重膜からなる小さな袋（小胞）がタンパク質の乗り物として利用される．この機構は“小胞輸送”とよばれ，2013 年のノーベル医学生理学賞の受賞テーマとなった（J. E. Rothman, R. W. Schekman, T. C. Südhof の 3 博士に，「細胞内における主要な輸送システムである小胞輸送の制御機構の発見」に対して贈られた）[1].

さて，ケミカルバイオロジーの本分野への貢献として，これらの過程における特異的な阻害剤を提供できることが挙げられる．ツニカマイシンは，小胞体

重合を阻害するコルヒチンという薬剤を利用して減数分裂を止めることで作製される．

細胞壁：植物細胞には強固な繊維状の多糖，セルロースからなる細胞壁がある．

その他植物細胞には膜で仕切られた液胞が存在し，無機塩やさまざまな養分，老廃物を取り囲んでいる．老熟した細胞ではとくにこ

内での糖鎖付加を阻害する．ブレフェルジンA，モネンシンおよびバフィロマイシンAはそれぞれ，小胞体→シスゴルジ，シスゴルジ→ミディアルゴルジ，およびトランスゴルジ以降の輸送を阻害し，ノコダゾールによって逆行輸送が抑えられることが知られている．これらの試薬はタンパク質の修飾や輸送の研究に大きな力を発揮している．

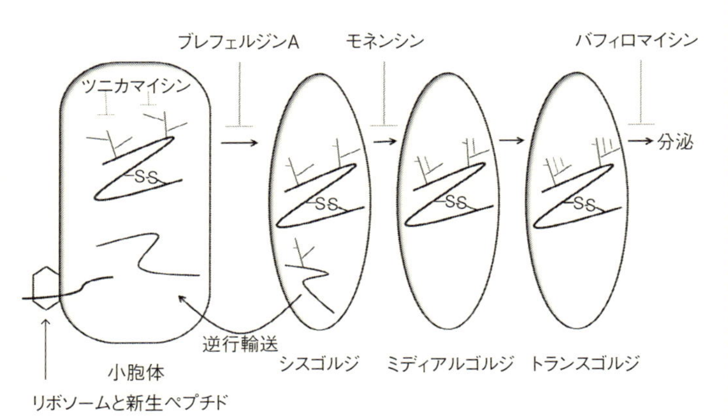

図　分泌タンパク質の輸送

[1] Zanetti G., *et al.* (2011) *Natl. Cell Biol.*, **14**, 20.

（神奈川大学理学部天然医薬リード探索研究所　川添嘉徳）

の部分の占める体積が大きい．

葉緑体：植物細胞でとくに重要なのは葉緑体（クロロプラスト）である．ミトコンドリアに対応する重要なオルガネラであるが，それより大きな体積を占める．外膜，内膜が存在し，ストロマがミトコンドリアのマトリックスに対応する．ストロマには円盤状のチラコイドの袋がつながっており，クロロフィルの受けた光エネルギーをもとにATPの合成や糖などの合成を行っている．

2.2　アミノ酸とタンパク質

タンパク質は生命の維持において非常に多くの役割を果たす．本節では，タンパク質の構成要素であるアミノ酸に関して，その特徴を学び，タンパク質中での役割を理解する．

2.2.1　アミノ酸

アミノ酸はカルボキシ基（$-COOH$）に隣接する炭素（α-炭素）にアミノ基（$-NH_2$），水素（$-H$），さまざまな側鎖（$-R$）が結合したカルボン酸である（図2.3）．カルボキシ基のpK_aは2.2前後，アミノ基のpK_aは9.4付近であるため，生理的なpHの条件ではアミノ酸は両性イオンの状態で存在する．アミノ酸どうしは，お互い

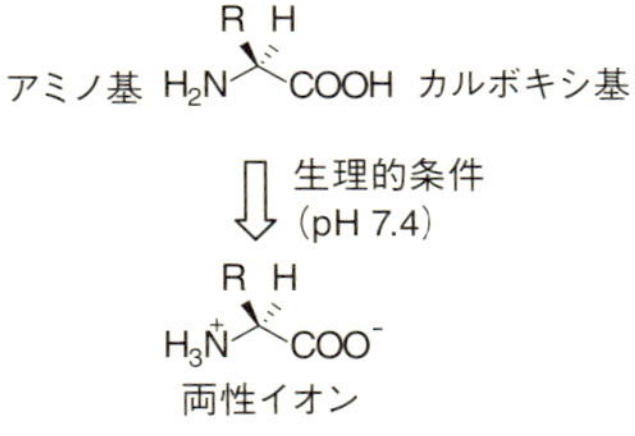

R H
アミノ基 H_2N COOH カルボキシ基
生理的条件
(pH 7.4)
R H
$H_3\overset{+}{N}$ COO^-
両性イオン

図2.3　アミノ酸の構造

のカルボキシ基とアミノ基で脱水縮合を行い，結合を形成する．この結合をペプチド結合（－NH－CO－）とよび，タンパク質はペプチド結合によりアミノ酸が重合したポリマーである（図 2.4）．

生体内には 20 種類のアミノ酸が存在し（図 2.5），それぞれが特有の物性をもち，それらが特定の配列（アミノ酸配列とよぶ）で並ぶことで，タンパク質はさまざまな機能を示す．なお，各アミノ酸には 1 文字または 3 文字の略号があり，一般的にタンパク質のアミノ酸配列を示す場合には，いずれかの略号を使う．

これらのアミノ酸はその性質から大きく分けて以下の 3 つに分類できる．

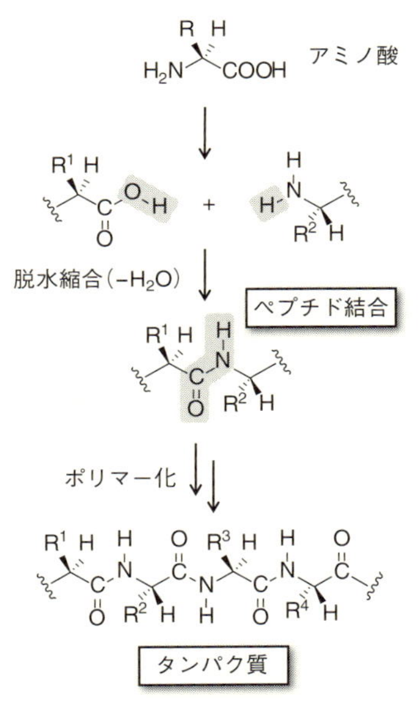

図 2.4　ペプチド結合の形成

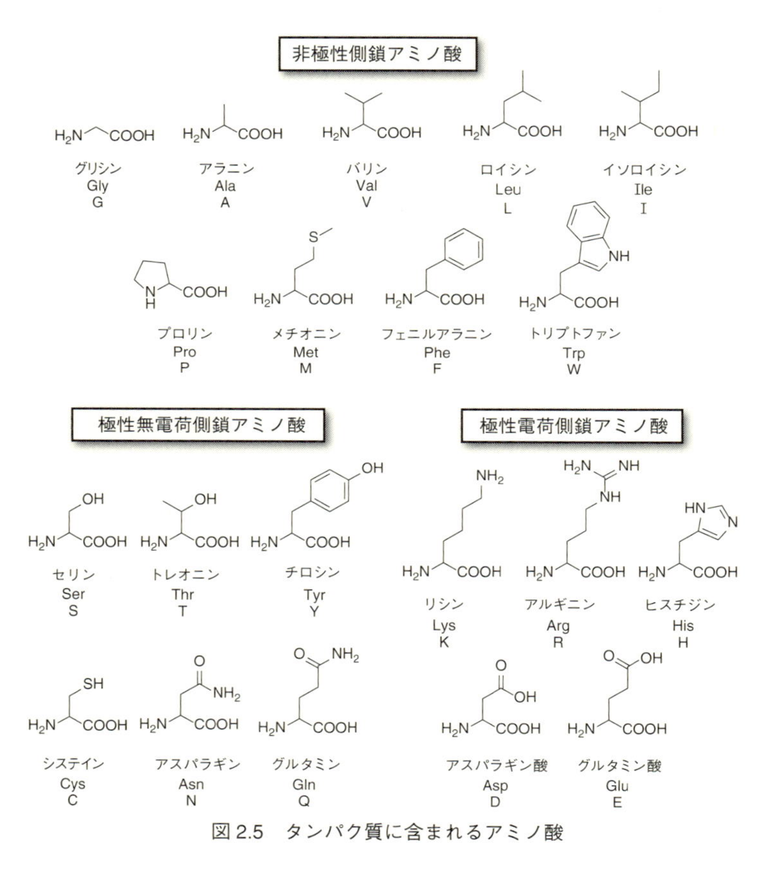

図2.5　タンパク質に含まれるアミノ酸

非極性側鎖アミノ酸：側鎖に電荷をもたず，疎水性の側鎖をもつアミノ酸群．疎水性相互作用により他の分子と相互作用する．

極性無電荷側鎖アミノ酸：極性をもつものの，生理的条件では電荷をもたない．静電的な相互作用はせず，酵素反応で触媒活性部位に存在するケースが多い．

極性電荷側鎖アミノ酸：極性を有するアミノ酸であると同時に，生理的条件下で電荷をもつので，静電的相互作用により分子間相互作用を行うケースが多い．

アミノ酸はグリシンを除き，すべて光学活性体である．光学活性体とは，分子組成は同じだが，官能基の配置が非対称であり，その鏡像と重ね合わせることができないものをさす．アミノ酸の α 炭素には側鎖，アミノ基，カルボキシ基，水素といった異なる4つの置換基が結合しており，光学活性の中心（不斉中心，キラル中心）となる（図 2.6）．当初，光学活性は偏光の偏光面を回転させる活性として見つかった．そのため，光学活性は偏光面を時計方向に回すか，反時計方向に回すかで右旋性（dextrorotatory），左旋性（levorotatory）として区別されてきた．このことから，右旋性をもつものに d（または+），左旋性をもつものに l（または−）をつけて示すことが一般的であった．これは実験的測定の結果であり，構造的な情報は含まない．一方，構造的に D−，L− と表示する方法がある（DL 表示法）．D−体は d−グリセルアルデヒドから化学的に誘導され，L−体は l−グリセルアルデヒドから同様に誘導されたものに対応する．タンパク質を構成するアミノ酸は L−アミノ酸である．この分類は繁雑であるので置換基に一定の順序をつけ，その配

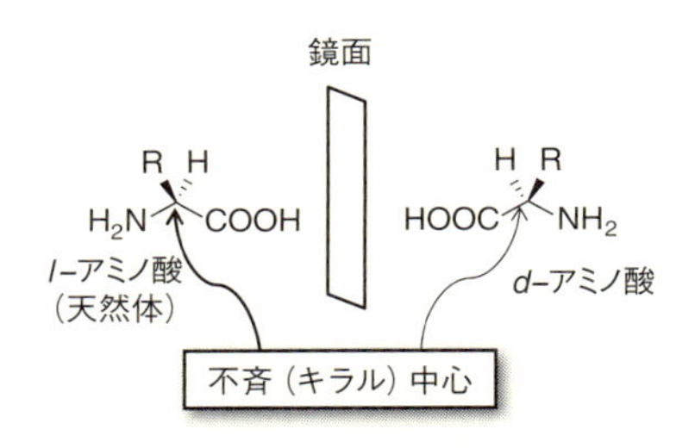

図 2.6　アミノ酸の鏡像異性体

置をもとに光学活性分子の分類をする方法が考案された（カーン–インゴールド–プレログ（Cahn-Ingold-Prelog）則）．この方法ではまずキラル中心の周りの官能基に，直接キラル中心に結合する原子の原子番号の大きい順に優先順位をつける．そのうえで，順位が一番下の官能基を紙面の向こう側に置き，他の官能基の優先順位の高い順になぞったときにその軌跡が時計回りのときは*R*（ラテン語：rectus，右），反時計回りのときは*S*（ラテン語：sinistrus，左）と定義する．アラニンを例に説明する（図2.7）．アラニンのα炭素には，$-H$，$-CH_3$，$-COOH$，$-NH_2$の4つの置換基がついており，原子番号によるその優先順位は$-NH_2 > -COOH > -CH_3 > -H$となる．そこで，Hを紙面の向こうに置き，他の3つの置換基をなぞると反時計回りなので*S*となる．この方法で，絶対配置を記述する最大の利点として，複数の不斉中心をもつ分子の絶対配置をはっきりと定義できる点がある．たとえばL-トレオニンは，(2*S*, 3*R*)-トレオニンとなる．システイン以外のL-アミノ酸は*S*-アミノ酸に，L-システインは*R*-システインとなる．

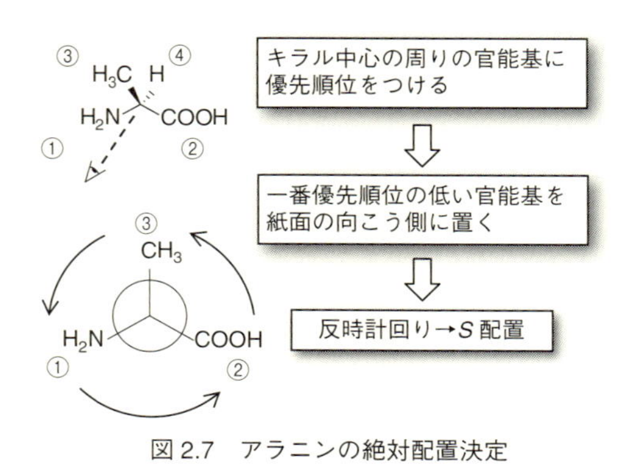

図2.7　アラニンの絶対配置決定

2.2.2　タンパク質

ペプチド結合は単結合ではあるが，C=O 結合と窒素原子との間に共鳴が存在するため（図 2.8），二重結合性をもっている．そのため，ペプチド結合は平面構造をとり，ほとんどのアミノ酸が α 炭素間の立体障害を避けるようにトランス（s-*trans*）形となる．しかしながら，プロリンだけはトランス形をとっても立体障害を避けることはできないのでシス形もとることができる（天然タンパク質において 10% 程度，図 2.9）．プロリンのシス/トランス形の異性化はタンパク質の構造と機能に大きな影響を及ぼすので，他のタンパク質により制御される場合がある．3.1 節では異性化を担う酵素に関して述べる．

タンパク質はアミノ酸配列によりその特性が決まり，このアミノ酸配列により示される構造を一次構造とよぶ．これに対して，主鎖間の水素結合により形成される局所的な構造を二次構造，側鎖も含

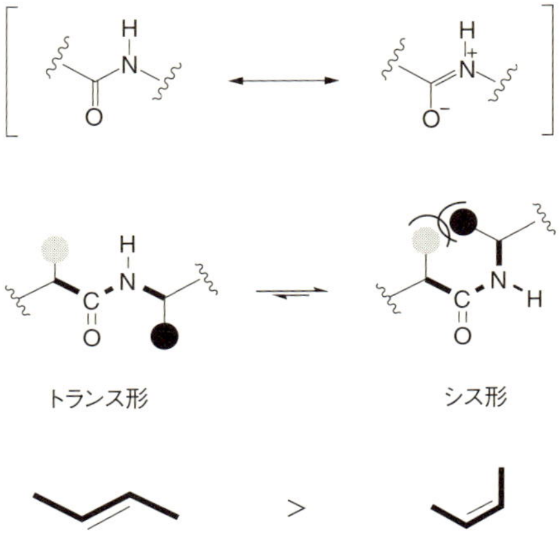

トランス形　シス形

図 2.8　ペプチド結合の平面性

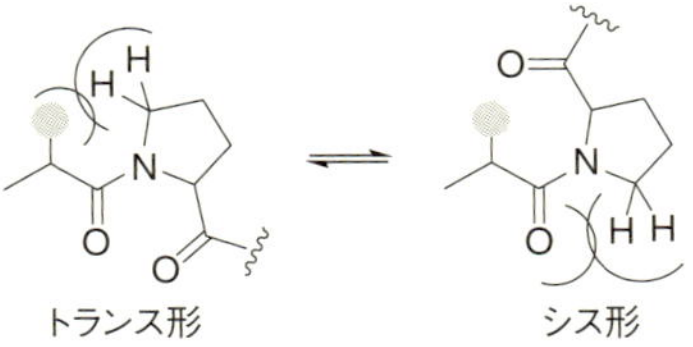

図 2.9　プロリンのシス/トランス

めてタンパク質全体の三次元構造を三次構造とよぶ．また，複数のタンパク質が複合体を形成し，タンパク質複合体としてとる構造を四次構造とよぶ（図 2.10）．三次構造および四次構造とその機能の関係は 2.4 節で述べるとして，ここではその基本単位としてはたらく二次構造に関して概説する．

ペプチド結合が平面性を有することから，ペプチド鎖は平面が一定角度でねじれる形で連なり，立体構造を構築する．この平面のねじれ角を ψ および ϕ で示し，ペプチド鎖がとりうる構造をプロッ

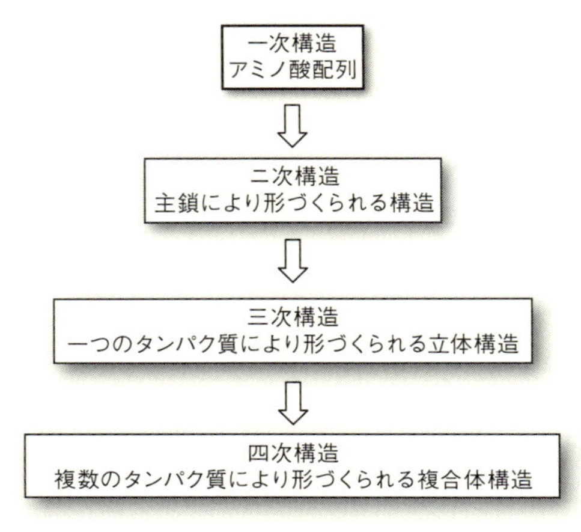

図 2.10　タンパク質の高次構造

トしたものがラマチャンドラン（Ramachandran）プロットである（図 2.11）．

このプロットを見ると ψ および ϕ がとりうる値は大まかに 2 つのエリアに局在していることがわかる．片方が α ヘリックス構造，もう片方が β シート構造である．以下，それぞれの構造に関して説明する（図 2.12）．

α ヘリックス：α ヘリックス構造はらせん構造であり，カルボニル

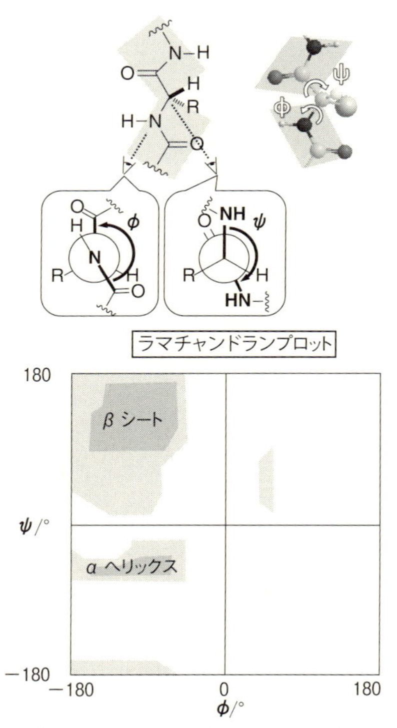

図 2.11　ペプチド鎖のねじれ角とラマチャンドランプロット

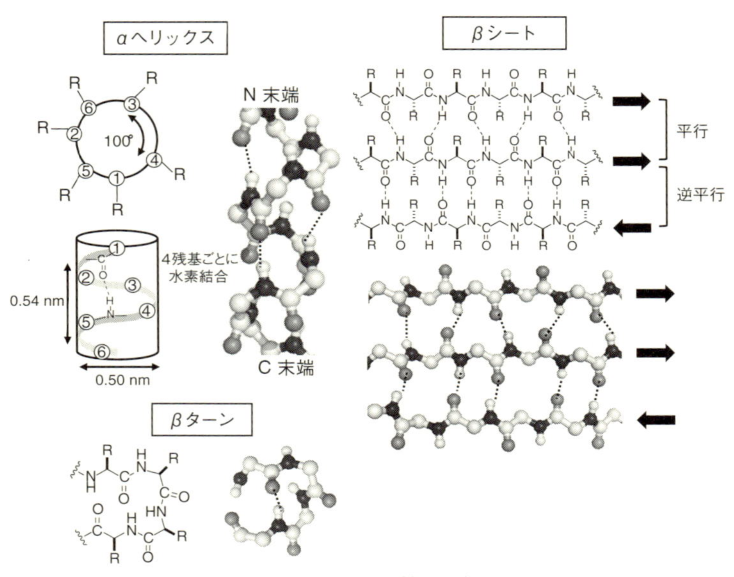

図 2.12　タンパク質の二次構造

基の酸素原子と4残基先のアミド基の水素原子との間で水素結合が形成される．らせん構造としては，3.6残基で1回転する右巻きのらせんで，ピッチは0.54 nmである．この構造では主鎖が水素結合で強固に安定化される一方で，側鎖はヘリックスの外側に突き出る形となりヘリックス形成への影響はほとんどない．αヘリックスでは側鎖がヘリックスの外側に突き出るため，周辺部の環境を反映したアミノ酸が一側面に集中するように存在する．ヘリックスの一巻きが3.6残基であることから，極性残基と疎水性残基が3~4残基周期で存在し，ヘリックスの一側面を極性または疎水性にしている．

βシート：βシート構造ではαヘリックスと異なり，アミノ酸配列上の離れた主鎖間で水素結合を形成する．したがって，アミノ酸配列上では大きく離れた２つ以上のペプチド鎖でも，水素結合により並んで配置されβシート構造を形成することができる．βシート構造は大きく分けて２つの種類があり，平行βシートと逆並行βシートに分けられる．平行βシートでは隣り合うペプチド鎖の向きが同じであり，逆並行βシートでは向きが互いに逆方向になっている．βシート構造ではアミノ酸側鎖は交互にシート平面の上下に出ることになるため，極性残基と疎水性残基が交互に存在する場合には，シートの片面を極性，もう片面を疎水性にすることになる．βシートはペプチド鎖自身が少しずつねじれるために，シート自体もねじれる構造をとる．そのため，ペプチド鎖が多く並んで形成されるシートは曲面となり，これが丸まって樽状（バレル）構造を形成し，両端が相互に水素結合して閉鎖型円筒構造を形づくることがある．このような構造をβバレルとよぶ（図2.13(b)）

βターン：タンパク質はαヘリックスとβシートの組合せでその構造が形成されるが，それぞれの二次構造をつなぐ間には，ペプチド鎖が大きくターンする部分がある．このようなターンする構造をβターンとよぶ．βターン構造では立体障害が大きいので，シス形をとれるプロリンが，側鎖をもたずねじれ角が柔軟なグリシンを含むことが多い．

また，タンパク質の三次元構造表記においては，二次構造のαヘリックスおよびβシートを模式的に示したカートン表示が多用される（図2.13）．

この節ではタンパク質の構造に関して主鎖を中心に示した．これに側鎖の特性が加わり，タンパク質の機能が生まれる（2.4節参照）．しかしながら，主鎖により形づくられる構造がタンパク質構造の骨格であり，これをしっかりと理解することで多種多様なタン

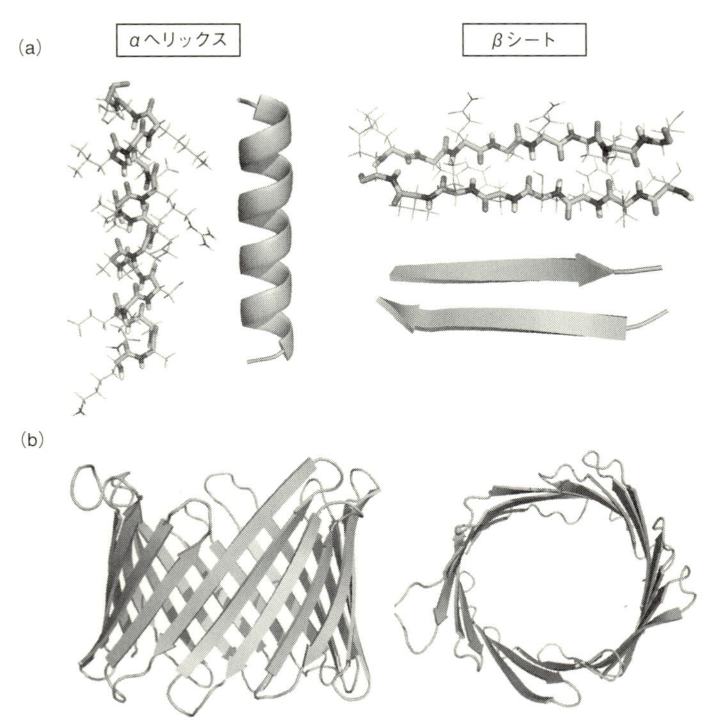

図 2.13　タンパク質の二次構造によりつくられる構造
(a) 分子模型とそのカートーン表示，(b) β バレル構造.

パク質構造を概観することができるようになる.

2.3　タンパク質の精製と検出

前節でタンパク質がアミノ酸のポリマーであることを学んだ．本節では，そのポリマーとしての特性を利用したタンパク質の精製および検出法に関して学ぶ．現在までにさまざまな手法が開発されているが，詳細な解説は割愛しておおまかな区分け，実際に使われることが多い手法に関して記述する．

2.3.1　カラムクロマトグラフィー

生体内には数多くのタンパク質が混合物として存在するため，研究対象となるタンパク質を純粋に得るためには分離・精製が必要となる．カラムクロマトグラフィーはそのために最も頻繁に用いられる手法である．カラムクロマトグラフィーとは混合物試料を液体の物質（移動相）に溶かし，固体物質（固定相）を充填させた筒（カラム）に通す．固定相と試料の間にはさまざまな相互作用がはたらき，その相互作用が各試料成分によって異なることから，カラムを通過する時間が試料ごとに異なる．この時間差を利用することで混合物を分離する手法を，カラムクロマトグラフィーとよぶ．タンパク質はそれぞれ特徴的な分子量，電荷，特異的に結合する分子（リガンド）をもつことから，その違いを利用することで分離することができる．分子量を利用するものをゲル沪過クロマトグラフィー，電荷を利用するものをイオン交換クロマトグラフィー，結合親和性を利用するものをアフィニティークロマトグラフィーとよぶ．以下，それぞれの手法の原理と特徴を述べる（表 2.1）．

表 2.1　クロマトグラフィーの分類

	原理	分離能	処理能	おもな用途
ゲル沪過	分子量	中	中	タンパク質精製全般 脱塩・バッファー交換
イオン交換	電荷	中	高	タンパク質精製初期段階
アフィニティー	結合親和性	高	高	タンパク質精製中間～ 最終段階

(1) ゲル沪過クロマトグラフィー

ゲル沪過クロマトグラフィーは別名サイズ排除，または分子ふるいクロマトグラフィーともよばれ，分子をその形とサイズで分ける手法である（図2.14）．固定相としては，さまざまなサイズの孔が開いた多孔質のビーズを用いる．タンパク質混合物がカラムを通過する過程で小さい分子ほどビーズ内の孔に取り込まれるので遅く溶出し，大きな分子は速く溶出する．ビーズの孔のサイズにより，分離できるタンパク質の分子量範囲が異なることから，試料に応じて固定相を選ぶ．また，ゲル沪過クロマトグラフィーでは試料中に含まれる塩などの緩衝液（バッファー）成分とタンパク質を分離することもできるので，バッファーの置換や脱塩などにも使われる．

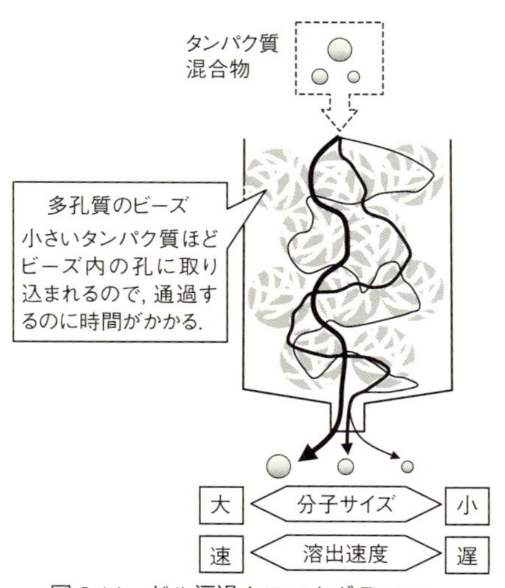

図2.14　ゲル沪過クロマトグラフィー

(2) イオン交換クロマトグラフィー

イオン交換クロマトグラフィーでは固定相に電荷を帯びた物質を用いる（図 2.15）．電荷の正負に応じて 2 つに分類され，正に帯電した固定相は陰イオンを結合させるため陰イオン交換クロマトグラフィー，負に帯電した固定相は陽イオンを結合させるため陽イオン交換クロマトグラフィーとよぶ．イオン交換クロマトグラフィーでは，タンパク質をその電荷に応じて結合させたのちに，イオン濃度や pH を段階的に変えたバッファーを流し，目的のタンパク質を溶出させる．近年固定相としてはさまざまな樹脂が開発されており，その組合せによって微妙な電荷の違いでも分離が可能なケースが増

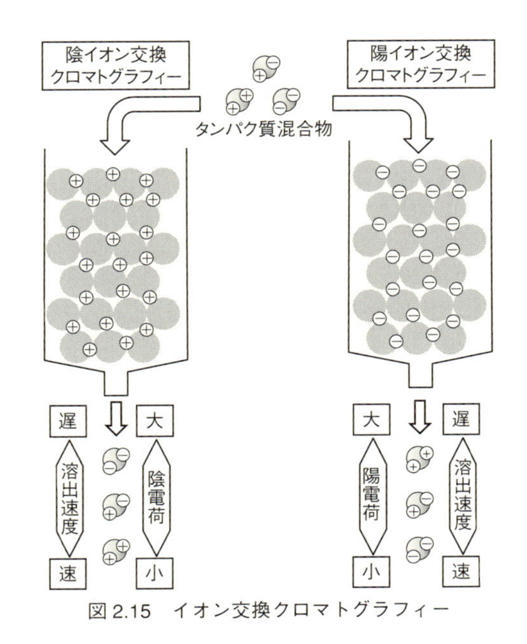

図 2.15 イオン交換クロマトグラフィー

えてきている．

(3) アフィニティークロマトグラフィー

タンパク質はその機能に応じて，特異的に結合する分子（リガンド）をもつことが多い．そこで，そのようなリガンドとの相互作用である“親和性（アフィニティー）”を利用することで，高い選択性で目的とするタンパク質だけをカラムに結合させて精製することができる．この手法をアフィニティークロマトグラフィーとよぶ（図2.16）．目的タンパク質に対してより選択性の高いリガンドを用いれば用いるほど，純度の高い精製が可能になる．ゲル沪過やイオン交換を組み合わせて，多段階の精製過程を必要としたタンパク

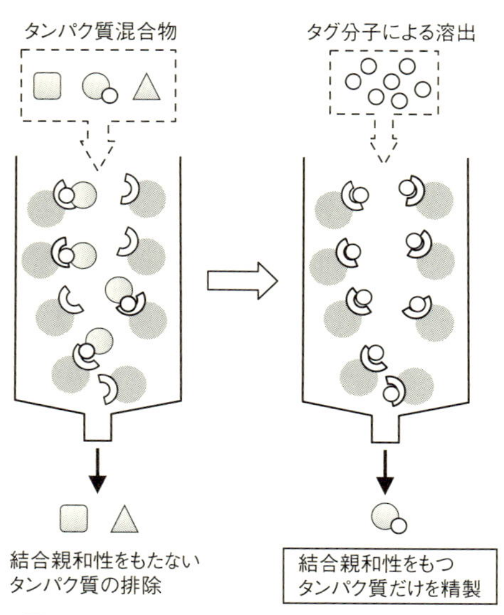

図2.16　アフィニティークロマトグラフィー

質でも，選択性の高い結合分子を用いれば簡便にかつ高純度で精製することができる．近年の分子生物学の進展に伴い，遺伝子操作によりタンパク質に特定のアミノ酸配列を導入することができるようになった．そのため特異的なリガンドがない場合にも，目的タンパク質にタグ（目印）となるアミノ酸配列を導入し，そのタグ分子に対して親和性の高い分子を用いることで高純度の目的タンパク質を得ることができるようになっている．アフィニティー精製において多用されるタグ分子としては，His タグ（6～10 残基のヒスチジンをつなげたペプチドタグ）や GST タグ（グルタチオン-*S*-トランスフェラーゼという酵素をタグとして融合させたもの）が知られている．

2.3.2　電気泳動によるタンパク質の分離・分析

タンパク質混合物をカラムクロマトグラフィーで分離したのち，目的とするタンパク質がどの溶出画分に存在するのか，純度はどの程度かといったことを確認する必要がある．ここでは，そのために用いられる一般的な手法に関して解説したい．

(1)　ドデシル硫酸ナトリウム-ポリアクリルアミド電気泳動（SDS-PAGE）

電場の中では電荷を帯びた分子は，電場の強さと電荷の大きさに応じて静電力を受け，電場に沿って動く．この移動を電気泳動（electrophoresis）とよび，生体分子の分析に広く用いられる．SDS-PAGE（sodium dodecyl sulfate-polyacrylamide gel electrophoresis）は，タンパク質の分析において最も一般的な電気泳動法である（図 2.17）．本手法ではタンパク質を SDS（sodium dodecyl sulfate，界面活性剤の一種）で処理して，タンパク質を一本鎖の分子

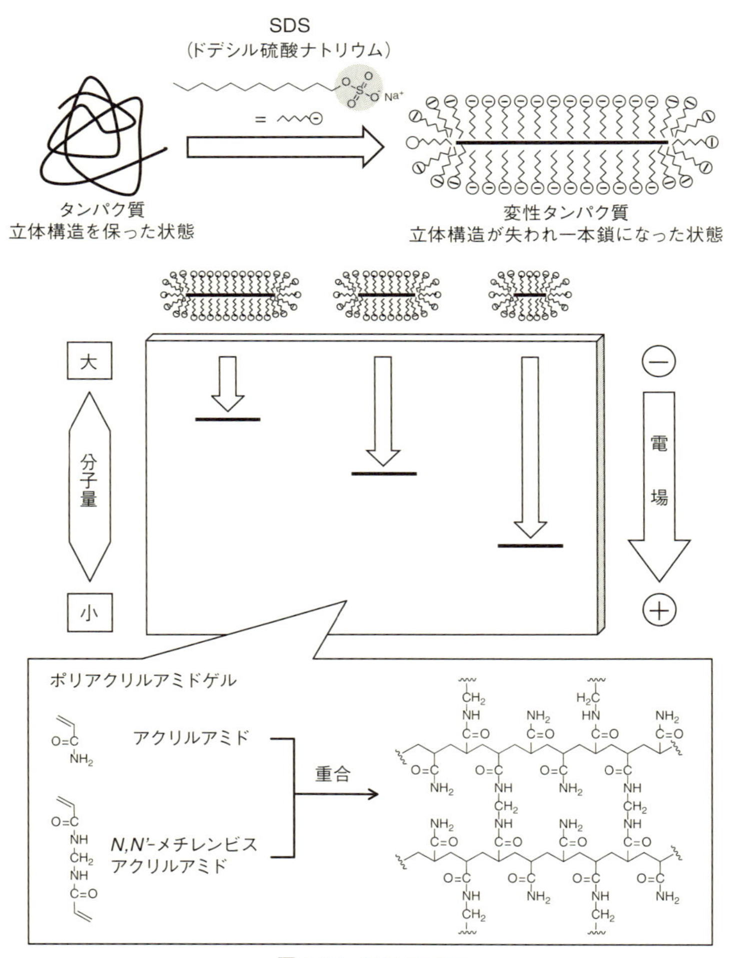

図 2.17　SDS-PAGE

に変性させると同時に分子量に応じた電荷を与える（1 g のタンパク質に対して 1.4 g の SDS が結合する）．そののち，アクリルアミドを重合させてつくったポリアクリルアミドゲルの中でタンパク質を電気泳動させる．タンパク質が本来もつ電荷は SDS により与えられる電荷に比べてはるかに小さいので，タンパク質は分子量に応じた電荷をもつ．そのため，単位分子量あたりの静電力は同じであり，ポリアクリルアミドの分子ふるいの網目を分子量が小さいものほど速く，分子量が大きいものほど遅く進むことになる．このことにより，タンパク質混合物がポリアクリルアミドゲル内で分子量に応じて分離される．

(2) 二次元電気泳動

SDS-PAGE ではタンパク質を分子量に応じて分離した．しかしながら，細胞内の多種多様なタンパク質を一度に分離することはできない．近年ヒトゲノムの完全解読が行われるとともに，生体内の全タンパク質（プロテオーム）を対象に解析を行う手法“プロテオミクス”が開発されてきた．そのなかで，タンパク質を一度に解析する手法として二次元電気泳動が一般的手法として広まっている．二次元電気泳動は，SDS-PAGE にタンパク質を等電点で分ける等電点電気泳動を組み合わせるものである．最初に等電点電気泳動でタンパク質を分離し，SDS-PAGE でさらにこれを分離する．これにより 5000 種ものタンパク質混合物でも分離が可能となる（図 2.18）．

二次元電気泳動で分離されたタンパク質は後に述べる各種染色法でスポットとして検出され，刺激を加えた際のスポットのパターン変化をもとに重要なタンパク質を絞り，スポットを切り出したうえで以降に述べる質量分析を用いてタンパク質の同定を行う．原理的にはスポットとして分離されたタンパク質はすべて同定可能である

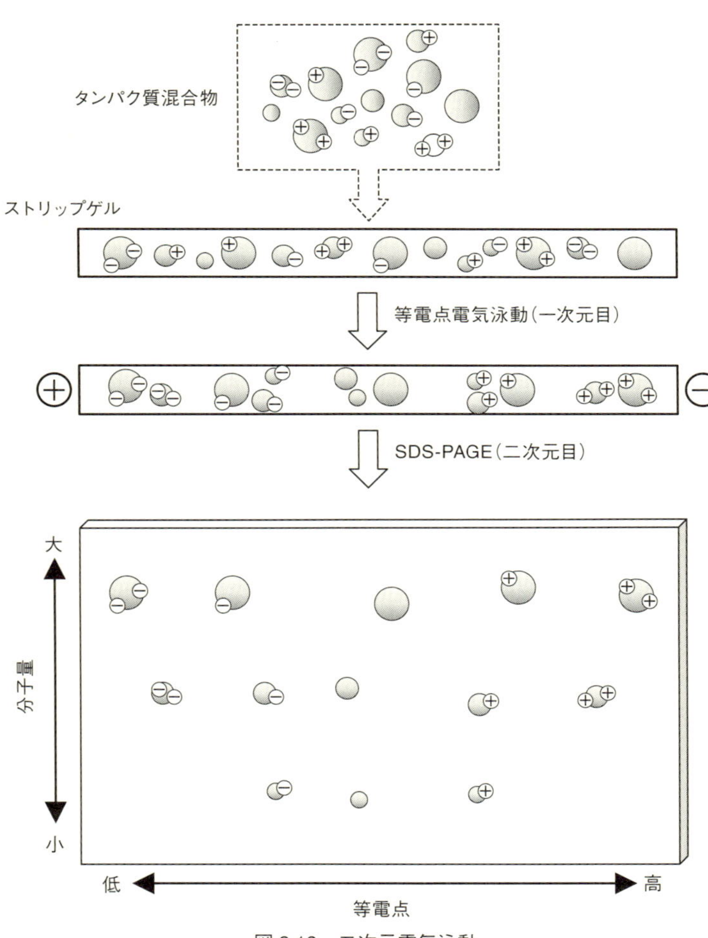

図 2.18　二次元電気泳動

ことから，全タンパク質を同時に解析することが可能といえる．実際には，スポットの分離が完全ではなく，1つのスポットに複数のタンパク質が重なる場合があり，二次元電気泳動だけでは完全な分離ができないケースが多い．そのため，溶解性や細胞内局在などをもとにタンパク質を分画し，それぞれの画分を二次元電気泳動で分析する場合（サブプロテオーム）も多くなっている．

(3) タンパク質の染色

タンパク質はそれだけでは無色であるから，電気泳動によりタンパク質を分離したのちに何らかの方法で染色する必要がある．よく使われる染色法としてCBB染色，銀染色があり，最近では蛍光色素を用いた染色法もいくつか開発されている．以下簡単に各手法を説明する（表2.2）．

クマシーブリリアントブルー染色：CBB染色はクマシーブリリアントブルー（coomassie brilliant blue；CBB）を用いてゲル内のタンパク質を染色する方法である．CBBは酸性条件下，ポリアクリルアミドゲル内のタンパク質に結合し，これを青色に染めて検出可能とする．CBB染色は検出感度がそれほど高くない（～0.1 μg）が，染色操作が簡便であるため頻繁に使われる方法である．最近では，市販のキットが開発されており，より簡便で検出感度の高いも

表2.2　各種染色法の比較

	検出感度	簡便さ	定量性	コスト
CBB染色	低～中	高	中～高	安価
銀染色	高	低	低	高価
蛍光染色	中～高	中～高	高	高価，検出用機器が必要

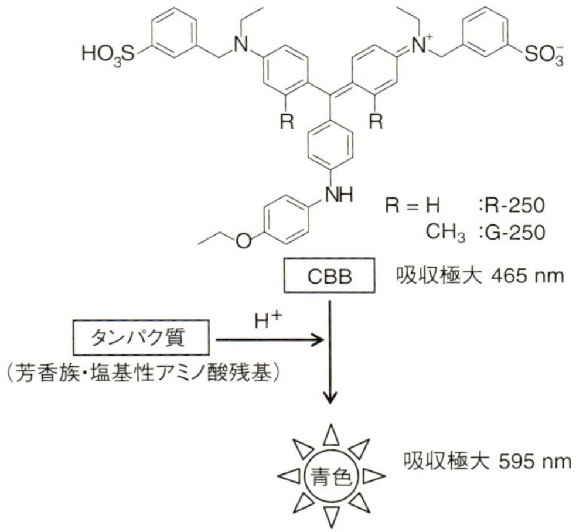

図 2.19　CBB 染色

のがある（図 2.19）．

銀染色：銀染色は銀イオンをアンモニア錯体として酸性アミノ酸側鎖に結合させたのちに，ホルムアルデヒドで銀イオンを還元して銀を析出させてタンパク質を染める方法である．CBB 染色に比べると 50～100 倍の検出感度をもち，微量のタンパク質（～2 ng）を検出することができる．欠点としては，試薬が高価なことや，染色操作が複雑で再現性が低いこと，またタンパク質の種類によって染まりやすいものと染まりにくいものがあることなどが挙げられる．しかしながら，研究対象となるタンパク質が微量である場合には必須の方法である（図 2.20）．

蛍光染色：近年蛍光試薬でタンパク質を染める方法も広く使われるようになった．現在では非常に多くの蛍光試薬が市販されているが，その染色原理は CBB と同様であり，色素の検出が蛍光で行わ

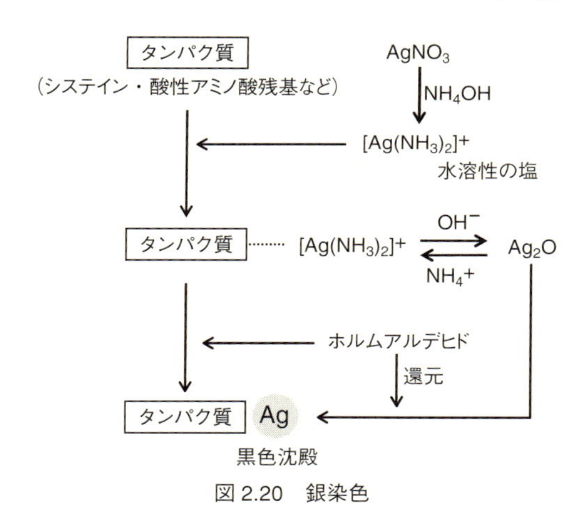

図 2.20　銀染色

れるという点だけが異なる．蛍光染色は銀染色と同等の検出感度をもつ一方で，CBB 染色と同じく簡便な操作で染色できることから，両染色法の利点を兼ね備えている．しかしながら大きな欠点として，励起が必要な蛍光を使うことから，そのための検出機器（蛍光イメージャー）が必須であること，検出感度が機器の性能に依存することが挙げられる．

(4) ウェスタンブロッティング

先の 3 種類の染色法は，ゲル内に自由に出入りできる低分子化合物を用いて染色を行っている．一方で，特定のタンパク質に対して選択的な抗体が入手できる場合には，抗体を用いて目的とするタンパク質だけを染めることができる．しかしながら，抗体はゲル内には入ることができないため，ウェスタンブロッティングとよばれる手法を用いて染色を行う．SDS-PAGE を行った後のタンパク質は，SDSにより負の電荷を帯びている．これに対して外部より電場をかけ，ゲル内から電気的に溶出させるとともにタンパク質を吸着させる特殊な膜〔PVDF（polyvinylidene difluoride，二フッ化ポリビニリデン）膜またはニトロセルロース膜〕にタンパク質を移し取る．その後，この膜を抗体で染色し，蛍光または発光をもとに検出を行う（図2.21）．

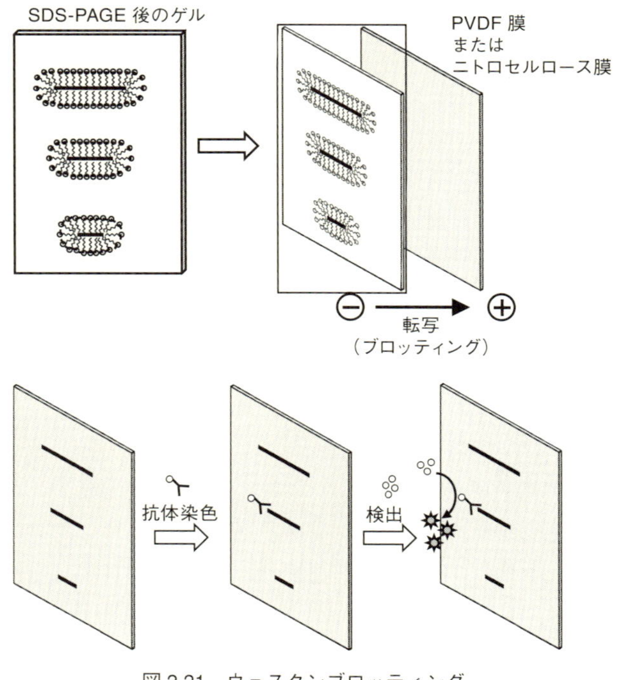

図2.21　ウェスタンブロッティング

2.3.3　質量分析によるタンパク質同定

近年の質量分析法の進展はめざましく，微量の試料から多くの情報が得られるようになった．なかでもタンパク質の同定において今や質量分析は欠かすことのできないものとなっている．以下に簡単にタンパク質同定に使われる2つの質量分析の原理を述べ，これを用いたタンパク質の同定方法について解説する（図2.22）．

(1) 質量分析の原理

マトリックス支援レーザー脱離イオン化法（**MALDI**，matrix-assisted laser desorption/ionization）：イオン化を促進する低分子化合物（マトリックス）と試料を混合して固化させ，これに高出力レーザーを照射する．この際，レーザーがマトリックスに吸収されるときに得られたエネルギーを用いて，試料がイオン化して気相へと放出される．

エレクトロスプレーイオン化法（**ESI**，electrospray ionization）：高電圧の毛管から試料の溶液を噴出し，溶媒を速やかに蒸発させる．この際，試料は電荷を帯び，イオン化と同時に気化して放出される．溶媒に溶けた状態で試料を導入できるので，液体クロマトグラフィー（liquid chromatography；LC）と組み合わせて使われることが多い．

(2) タンパク質の同定

タンパク質の同定は，まずプロテアーゼを用いてタンパク質をペプチド断片に分解することから始まる．一般的に電気泳動後のゲル内に閉じ込められているタンパク質を分解するために，ゲル片をプロテアーゼの溶解した液につけ，ゲル内での酵素消化を行う．断片化されたペプチドをゲル片から抽出し，このペプチド混合物を質量

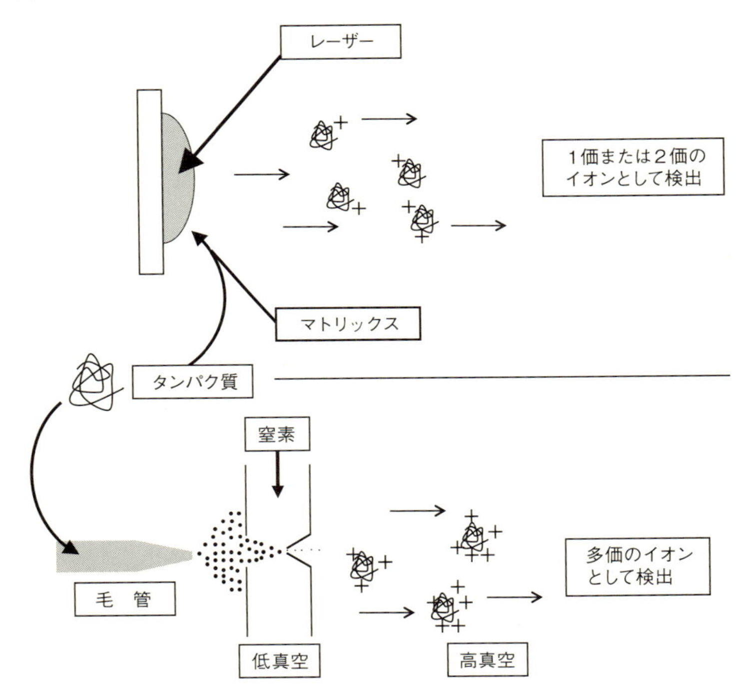

図 2.22　ソフトイオン化によるタンパク質の質量分析

分析にかける．MALDI では，ピークのパターンを Mascot などのデータベースで検索し，タンパク質を同定する（図 2.23）．ESI では LC で分離したうえで各ペプチド断片に関して，質量を測定するとともに，イオンをさらに断片化させて，ペプチド配列情報も得ることができる．測定するタンパク質が混合物である場合，LC での

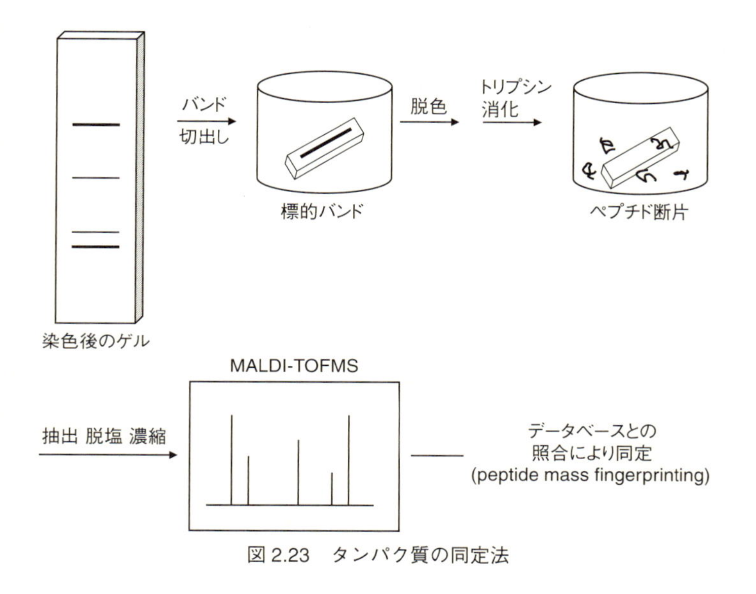

図 2.23 タンパク質の同定法

分離と連動できるESIのほうが複数のタンパク質を同定することができるので適している.

2.4 タンパク質の触媒機能

2.4.1 タンパク質のフォールディング・修飾・分解

タンパク質はリボソームで合成されたのち，分子シャペロンなどのフォールディング補助タンパク質によって天然型に折りたたまれる．たとえば大腸菌では，GroEL/ES（GroELは真正細菌ではたらくシャペロンであり，GroESはその補因子としてはたらく）システムによってフォールディングがなされる．ポリペプチド鎖は，疎水基が並んだGroELの内部へと取り込まれて天然型へと折りたたまれる．そして，ATP 依存的な構造変化によりタンパク質は GroEL のくぼみから出てくる．ジスルフィド結合は，立体構造の維持に重要な役割を担っていることが多い．この交換反応を行うのが，プロテインジスルフィドイソメラーゼとよばれる異性化酵素である．ジスルフィドが切断されて変性したタンパク質を正しくフォールディングさせるのもこの酵素である．

ほとんどのタンパク質は生合成されたのち，N 末端アミノ基のアセチル化，リン酸化やグリコシル化などのさまざまな化学修飾を受け，タンパク質の活性や細胞内での局在などが変化する．

真核細胞には，正常にフォールディングされなかったタンパク質などを分解する経路が複数存在する．たとえば細胞小器官であるリソソームは，その内部の加水分解酵素でタンパク質の分解を行う．また，ユビキチン・プロテアソーム経路では，76 残基からなるペプチドであるユビキチンが，分解されるタンパク質のリシン残基に複数付加される．標識されたタンパク質は，プロテアソームによって ATP 依存的に分解される．

2.4.2　酵素反応

生体内で起こるさまざまな反応は，ある特定の酵素という触媒によって行われている．酵素は基質とよばれるリガンドに化学的な変化をひき起こすが，化学触媒と異なる特徴がいくつかある．酵素反応は，中性，常圧や常温といった温和な条件下で進行し，反応速度も非常に速い．また，基質特異性が高く，副生物がほとんどない．基質や補酵素が，酵素と高い親和性で非共有結合するのは，静電力，水素結合や疎水性相互作用による．一般的に，基質結合部位（バインディングサイト）は酵素表面のへこみや割れ目に存在し，基質と相補的な形をしている．

酵素はL体のアミノ酸から構成される不斉の反応場であることから，キラルな基質の場合一方だけと結合することもある．したがって，エナンチオマー間の反応速度の違いを利用して，ラセミ体を光学分割することも可能であり，リパーゼなどは医薬品中間体の製造にも利用されている（(2.1) 式）．酵素はその反応自体も立体特異的である．

$$R_1CH(OAc)R_2 + R_1CH(OAc)R_2 \xrightarrow{\text{リパーゼ}} R_1CH(OAc)R_2 + R_1CH(OH)R_2 \tag{2.1}$$

たとえば，アルコールデヒドロゲナーゼは，ケトンを還元しアルコールを生成する．この反応は立体選択的であり非対称のケトンが基質の場合，光学活性な第二級アルコールを得ることができる．この酵素と補酵素再生系を組み合わせることで，効率的な光学活性体の調製法として汎用されている（(2.2) 式）．

$$R_1C(=O)R_2 \xrightarrow[\text{NAD(P)H} \rightarrow \text{NAD(P)}^+]{\text{アルコールデヒドロゲナーゼ}} R_1CH(OH)R_2 \tag{2.2}$$

酵素はさまざまな反応を触媒するが，酸化還元や転移反応のように補因子が必要な場合がある．補因子は金属イオンや，NADHのような有機分子の場合があるが，とくに有機分子を補酵素とよぶ．補因子が結合していない不活性型の酵素をアポ酵素，触媒活性をもつ酵素–補因子の複合体をホロ酵素とよぶ．補酵素の多くはビタミンの誘導体である．たとえば (2.2) 式に出てきたNADHはニコチンアミド（ビタミン B_3）の誘導体である．

(1) 酵素反応の速度論

酵素の反応機構を調べるには，速度論的な解析は有効な方法のひとつである．酵素の触媒作用を表すパラメーターとして，最大速度 V_{max} と基質と酵素の親和性を示すミカエリス（Michaellis）定数（K_m）が用いられる（下式参照．ここで，E：酵素，S：基質，ES：遷移錯体，[S]：基質濃度，[ES]：遷移錯体濃度，$[E]_T$：酵素活性中心濃度である）．

$$E + S \underset{k_{-1}}{\overset{k_1}{\rightleftarrows}} ES \xrightarrow{k_2} P + E \tag{2.3}$$

$$\frac{d[ES]}{dt} = k_1[E][S] - k_{-1}[ES] - k_2[ES] = 0 \tag{2.4}$$

$$\nu = \frac{V_{max}[S]}{K_m + [S]} \qquad \text{ミカエリス-メンテンの式} \tag{2.5}$$

$$\frac{1}{\nu} = \left(\frac{K_m}{V_{max}}\right)\frac{1}{[S]} + \frac{1}{V_{max}} \qquad \text{ラインウィーバー-バークプロット} \tag{2.6}$$

$$k_{cat} = \frac{V_{max}}{[E]_T} \qquad \text{回転数} \tag{2.7}$$

K_m 値は反応速度が最大速度の半分になるときの基質濃度と定義される．また K_m 値は小さければ小さいほど，低い基質濃度のときでも酵素は基質と高い親和性で結合でき，高い反応速度で基質を変換することができる．これらのパラメーターは，ミカエリス-メンテン（Michaellis-Menten）式から誘導されるラインウィーバー-バーク（Lineweaver-Burk）プロットによって実験的に求めることができる．V_{max} を酵素のモル数で割ったものを触媒定数（回転数，k_{cat}）と定義する．これは，単位時間あたりに1つの酵素が何分子の基質を変換するかを示している．また，比例定数である k_{cat}/K_m

は酵素の触媒効率を示す指標として汎用されている．

(2) 酵素反応の阻害

酵素の活性に影響を与える物質を阻害剤という．基質と非常に構造が似ていて，ある酵素を特異的に阻害する物質は医薬品として利用できる．酵素の基質結合部位に基質と競合的に結合して反応を阻害する形式を競合阻害という．このタイプの阻害剤には，基質と構造が似ていて酵素の活性部位には結合するが，反応しないものが多い．酵素または酵素-基質複合体の基質結合部位とは別の部位に結合し，酵素の活性部位にひずみを与えて反応の進行を妨げるものをアロステリック競合阻害という．いずれの阻害形式かは阻害剤の濃度を変えてパラメーターを測定することによって判別することができる．

2.4.3　酵素の触媒機構

酵素が高い触媒活性を示すのは，基質と特異的に結合できる反応場をもっていることと，触媒としてはたらくアミノ酸残基を空間的にうまく配置しているからである．たとえば，活性中心にセリンをもつセリンプロテアーゼの一種であるキモトリプシンを例にその機構を説明する（図 2.24）．このプロテアーゼの活性中心には，触媒三残基（catalytic triad）とよばれるセリン，ヒスチジンとアスパラギン酸が存在する．これらの残基が共同的にはたらき，巧みにペプチド結合を加水分解する．まず，基質がキモトリプシンと結合しミカエリス複合体を形成する．次いで，セリンの側鎖がカルボニル基を攻撃して四面体中間体を形成する．このとき，オキシアニオンはオキシアニオンホールでの水素結合によって安定化されている．次いで，この中間体はアシル酵素中間体へと分解され，生成したアミ

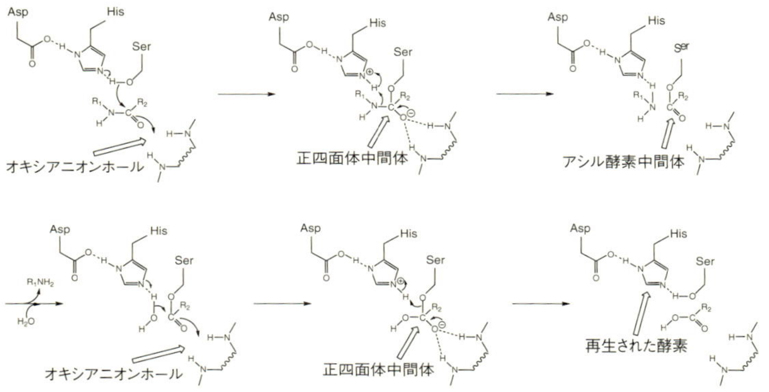

図 2.24　セリンプロテアーゼの反応機構

ノ基は活性部位を離れ水分子と置き換わる．今度は水分子が求核剤として，アシル酵素中間体を攻撃しふたたびオキシアニオンホールが生成する．最後に，この中間体が分解しセリン残基が脱離し，カルボン酸が遊離するとともに酵素が再生される．

重大な伝染病である後天性免疫不全症候群（AIDS）は，ヒト免疫不全ウイルスI型（HIV–I）による病気である．HIV–I は自身のタンパク質をポリタンパク質として合成し，HIV–I プロテアーゼによって活性型のタンパク質に切断する．そして，ウイルス粒子は病原型である成熟型に変わる．したがって，このプロテアーゼの阻害剤は AIDS 治療の格好のターゲットとして注目された．1989 年には X 線結晶構造が決定され，さまざまな阻害剤がスクリーニングやデザインされ，多くの薬剤が開発されている．このようにターゲットとなる酵素が見つかり，その構造や基質の結合様式がわかれば，創薬にとって重要な情報を与えることになり，さまざまなタンパク質の構造解析が盛んに行われている．

2.5 糖 質

2.5.1 糖質分子

糖質は，植物や微生物の構成成分としてよく知られている．とくに高等植物ではその乾燥重量の大部分が糖質分子であるセルロースで占められているが，高等生物はデンプンやショ糖，グルコースなどの栄養成分とともにセルロースを植物から摂取することで生命活動を維持させている．糖質分子の研究は歴史的に甘味を示す物質の研究から開始したといわれているが，現在のケミカルバイオロジー研究の主体は複合糖鎖におかれている．複合糖鎖は炭水化物である糖にその他の生体分子が結合した，糖タンパク質や糖脂質およびプロテオグリカンなどの物質の総称である．糖鎖は核酸，タンパク質に次ぐ“第三の生体高分子”といわれていたが，その生物学的機能の解明が進んだのは，複合糖鎖に注目されるようになった比較的近年のことである．現在，糖鎖は受精・着床，細胞の分化・増殖・組織形成，免疫・血液型抗原，あるいは毒素やウイルスの受容体として知られるようになり，生命機能の調整に果たす重要な役割が判明してきた．これは同時にケミカルバイオロジー研究における標的生命現象でもある．糖鎖研究はポストゲノム研究として今では最も注目される分野であるが，一般に糖鎖は複雑な多様性を示す混合物であることに加えて化学合成の難しさからも，セントラルドグマを構成する生体高分子に比べると研究上の困難さを感じさせる．ここでは数例のトピックスを紹介することで，ケミカルバイオロジーにおける糖鎖研究を眺めてみることにする．

2.5.2 糖鎖の生合成

リボソームで生合成されたタンパク質が翻訳後に受ける修飾とし

て，糖鎖の付加は主要なもののひとつである．動物では生体内に存在するタンパク質のほとんどに何らかのかたちで糖鎖が付加されていると考えられている．しかし医薬として用いられている遺伝子工学的手法で合成されたタンパク質（サイトカイン製剤など）は糖鎖なしで同等の活性（ときには，それ以上の活性）を示すことも多い．このために生物機能としての重要さは知られていながらも，医薬品開発の現場や科学者の注目度が高いとはいえない時期が長く続いたことは否めない．

糖タンパク質糖鎖には大きく分けて，アスパラギン残基の側鎖アミド窒素に結合した*N* 結合型とセリン/トレオニン残鎖のヒドロキシ基に結合した*O* 結合型の2種類がある．*N* 結合型の糖鎖は Asn-X-Thr/Ser のみに結合する（図 2.25(b)）．動物細胞内では*N* 結合型の糖鎖はテルペン脂質であるドリコール上に構築され，伸長しつつあるペプチド鎖に移される．その後，細胞内オルガネラであるゴルジ体で糖鎖のトリミングやさらなる伸長，末端部にシアル酸，フコース，硫酸，リン酸などの付加を受けて成熟する．*O* 結合型においても，糖転移酵素の特異性によって制御された Thr/Ser 残基への糖付加によって生合成され，ゴルジ体に輸送されて末端部は同様の修飾を受ける．これら糖鎖結合の様式については，いくつかバリエーションが知られているが単一な組成を示すことはまれで，一般に複雑な多様性を示す．膜タンパク質では膜貫通部位以外の露出部分に，親水性を示す糖鎖が結合していることから，細胞認識に深く関わっていることが知られている．また分泌型タンパク質においても水接触表面に糖鎖が結合しているため，受容体分子にとってはあたかもタンパク質は糖鎖（と水和水）で取り囲まれているように見えるのかもしれない．

糖鎖の機能を生物化学的に検討する場合に問題になるのは，その

(a)

D-グルコース (Glc)　D-ガラクトース (Gal)　D-マンノース (Man)　L-フコース (Fuc)

N-アセチル-D-グルコサミン (GlcNAc)　N-アセチル-D-ガラクトサミン (GalNAc)　N-アセチルノイラミン酸 (NeuNAc)

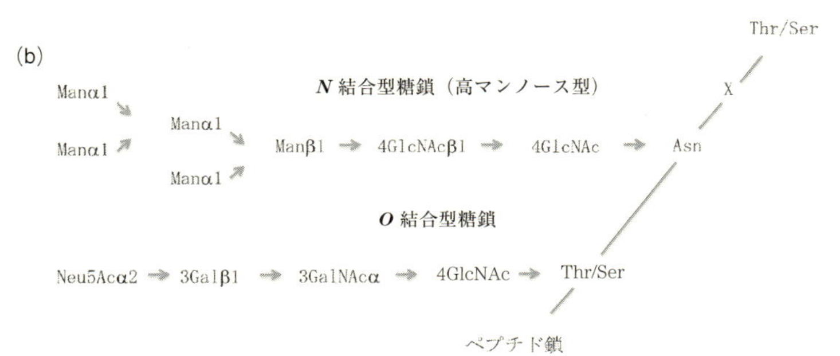

図 2.25　糖鎖を構成する単糖と糖タンパク質の構造

(a) 糖タンパク質の糖鎖を構成する単糖は，おもなものはここに示すわずか 7 種類に限られている．しかしこれらの糖鎖が一定のルールで結合することで，多様性を生み出している．

(b) 模式的に示した糖タンパク質の構造．*N* 結合型糖鎖はアスパラギンの側鎖アミド窒素に基本構造の 5 糖が結合し，さらに糖が結合することで高マンノース型，複合型，混成型に大別される．またアスパラギンの 2 個隣には必ずトレオニンまたはセリンが存在する．*O* 結合型ではセリンまたはトレオニンの側鎖ヒドロキシ基に糖が結合し，さらに糖が結合することでいくつかのサブタイプに分類できる．

多様性にある．糖鎖を付加する酵素は遺伝子の複数の部分にコードされており，タンパク質のアミノ酸配列のように遺伝情報だけから糖鎖の構造を解析することは難しい点もある．そこで糖鎖の網羅的解析を行うことによって，その細胞機能を体系的に研究しようという考え方が生まれた．これを“グライコーム（glycome）”という．グライコームの方法論にはいくつかの手法が考えられているが，糖鎖をタンパク質から酵素的に切り出し，2種類のHPLC（high-performance liquid chromatography，高速液体クロマトグラフィー）で二次元マッピングする糖鎖解析の手法が知られている．また，モノアルキル鎖をもつラクトースやガラクトース誘導体（糖鎖プライマー）を細胞内に導入し，糖鎖伸長を起こさせこれをMALDI-TOFMS（time-of-flight mass spectrometry）で解析する手法が開発されている．とくに後者では微量の試料で一気に網羅的解析が可能であり，糖転移酵素による糖鎖伸長のメカニズムをゲノム情報と比較することによって遺伝子レベルで解析することが可能である．また糖転移酵素を用いたバイオコンビナトリアル合成によって，糖鎖ライブラリー構築の試みも進行中である．

2.5.3　インフルエンザウイルスと糖鎖

インフルエンザウイルス粒子の表面には，ヘマグルチニンとノイラミニダーゼという2種類の糖タンパク質が存在している．これらは宿主である動物細胞への感染（ウイルスの侵入）や，ウイルスの出芽（脱出）に重要な役割を果たしている．

インフルエンザウイルス（A型およびB型）は，ウイルス膜に埋め込まれている糖タンパク質であるヘマグルチニン3量体によって，宿主細胞の表層にあるシアル酸含有ラクト系糖鎖を認識する（図2.26）．これが感染の最初の段階である．この型の糖鎖は宿主

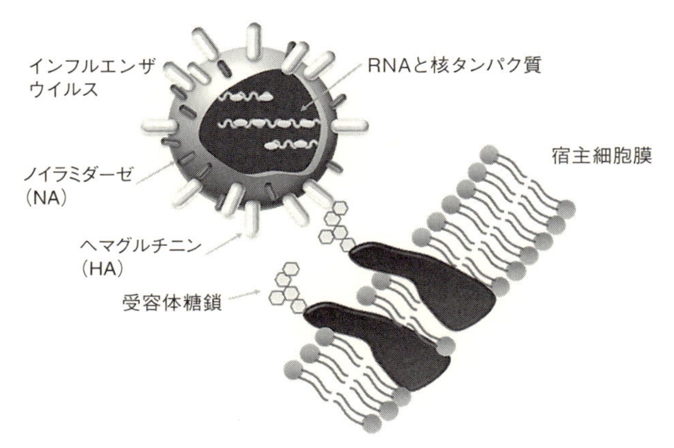

図 2.26 インフルエンザウイルスの感染（模式図）
インフルエンザウイルスはウイルス粒子表面のヘマグルチニンで宿主細胞の表面糖鎖を認識することで侵入を開始する．宿主細胞内に侵入したウイルスは，宿主の力を借りて遺伝子 RNA を複製することで自己増殖を繰り返し，脱出して他細胞へ再感染する．

細胞膜の糖タンパク質やガングリオシド（シアル酸含有スフィンゴ糖脂質）にみられるが，これは哺乳類や鳥類をはじめ，爬虫類や両生類にも共通であり，ウイルスの遺伝子交雑によって変異をひき起こす原因になっている．

宿主細胞に感染したインフルエンザウイルスは，ウイルス粒子から遺伝子である一本鎖 RNA を取り出し（脱殻），これを複製し，その他の構成要素を集めてウイルス粒子を宿主細胞内の細胞膜近傍で再構築する．娘ウイルス粒子は，宿主細胞表面糖鎖であるノイラミン酸をノイラミニダーゼで切断することで脱出し，他細胞に再感染する．

こうしたウイルスの生活環のなかで，ノイラミニダーゼを阻害することはインフルエンザの治療に有効であると考えられている．つまり増殖したインフルエンザウイルスの粒子を細胞内に閉じ込めようという考え方に基づいている．ノイラミニダーゼの阻害剤として類似体である2–デオキシ–2,3–ジデヒドロ–*N*–アセチルノイラミン酸が知られていたが，この構造とX線結晶構造解析によって明らかになったノイラミニダーゼの立体構造に基づいて両者の結合様式がコンピュータシミュレーションによって詳しく解析された．このような手法をラショナルデザイン（理論的薬物設計）といい，これもケミカルバイオロジーの主要な方法論のひとつである．このような解析をもとに設計された薬剤が現在臨床で応用されている，オキセタミビル（商品名タミフル）およびザナミビル（商品名リレンザ）などである．これらの化合物ではノイラミン酸との空間的類似性が明確であり，活性部位への結合によってノイラミニダーゼを阻害することが理解できる．さらに同様のケミカルバイオロジー的手法によってペラミビル（商品名ラピアクタ）が開発され，2010年から市販されている．

2.5.4　血液型糖鎖

ヒトの血液にはABO式やRh式といった血液型があることは，大変によく知られていて，わが国では俗に占いの対象にもなっている．こうした血液型の違いによって，輸血が必要な場合に血液凝固といった臨床医療上の問題が発生する．しかし，血液型にはこれ以外にもMN式やルイス（Lewis）式など血液凝固を伴わないものも知られている．これらの血液型は，赤血球の膜上に発現した糖鎖抗原が生物化学的な実体を担っている．ABO式血液型を例にとると，O型のヒトは赤血球の表面抗原としてH型とよばれる基本糖鎖構造をもっている（図2.27）．H型物質のガラクトースにα–*N*–アセチルガラクトサミン（α–GalNAc）が結合した三糖を糖鎖抗原とし

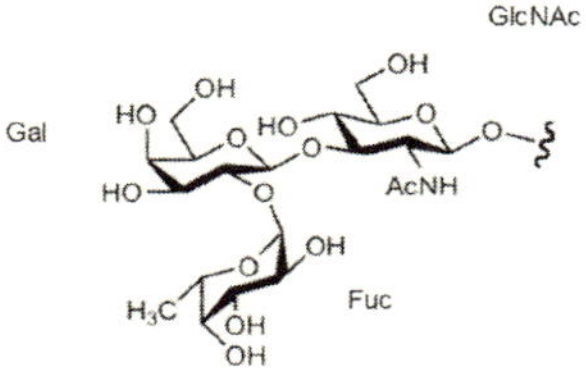

H 型糖鎖

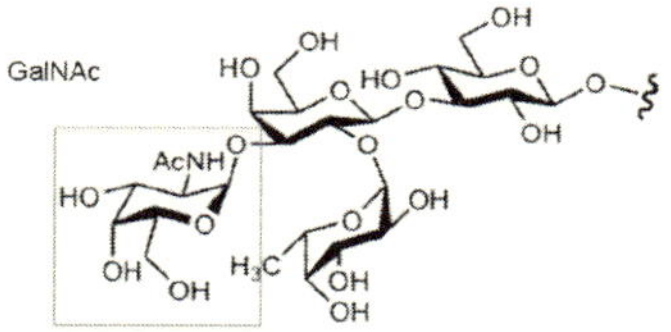

A 型糖鎖

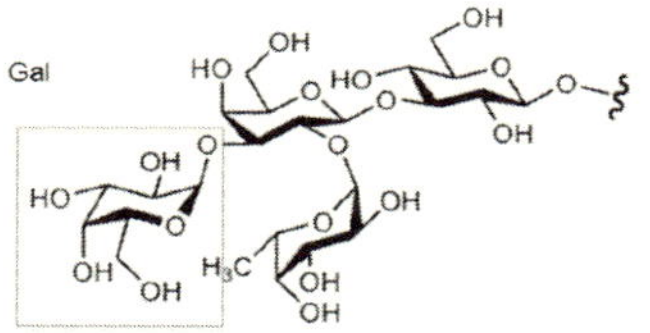

B 型糖鎖

図 2.27 血液型糖鎖
赤血球表面の糖脂質糖鎖の構造がわずかに異なることによって，血液凝固反応をひき起こす．この構造の違いは糖鎖を生合成するときに必要な糖転移酵素のわずかなアミノ酸配列の違いに対応する．

て有しているのがA型のヒトであり，α–ガラクトース（α–Gal）が結合したのがB型である．血液型抗原糖鎖を合成する遺伝子は1つの遺伝子座に複数の変異型が存在している複対立遺伝子の教科書的な例でもあるが，A型とB型の糖転移酵素は4カ所程度のアミノ酸配列が違っているだけであると判明している．この結果によって α–GalNAc と α–Gal のどちらが結合するか，あるいは酵素活性が失活していてH型物質だけをもつかが決まってくる．

ルイス式血液型は，Lewis という名の実存女性の血清中に存在する抗体が認識する抗原が由来である．そのような経緯で発見された Le^a（ルイス a）物質のほか，Le^b 物質などいずれも表面糖鎖の構造が違うことが明らかになっている．現在ではルイス抗原は血液型識別の用途ではなく，腫瘍マーカーとしての有用性が明らかになっている．Le^a 抗原の誘導体であるシアリル Le^a は癌細胞で過剰発現することが知られており，血液中の濃度を抗シアリル Le^a 抗体（CA 19-9）で検出することによって膵癌，胆嚢胆管癌，大腸癌の体外診断が可能になった．また，血液型とは直接の関係がないがシアリル Le^x 糖鎖は，癌細胞や白血球と血管内皮細胞の接着現象に関与することが知られている．これは癌の血行性転移や炎症部位での血管における白血球浸潤の分子機構に深く関わっている．こうしたことはケミカルバイオロジーの標的生命現象であり，分子レベルでの理解は創薬研究にとって重要な知見である．さらに一歩踏み込んだ阻害や促進などの分子制御がケミカルバイオロジーの今後の課題である．

2.5.5　神経と糖鎖

HNK-1 糖鎖は*N*-アセチルラクトサミン構造 Gal$\beta_{1\text{-}4}$GlcNAc の末端 Gal にグルクロン酸（GlcA）が結合し，さらにその 3 位が硫酸化されているという特異な構造をもった三糖ユニットである．この糖鎖は当初，ヒトナチュラルキラー（human natural killer；HNK）細胞に見出されたものであったが，後に神経系の細胞接着分子（タンパク質）である NCAM, L1, P0 などにとくに多く見出されることが判明した．現在では，神経の初期発生段階，神経回路の形成段階および神経回路の維持など，さまざまな過程において重要なはたらきをもつことがわかっている．つまり，神経細胞のシナプス形成が盛んな発生期の脳において，HNK-1 糖鎖の発現の上昇がみられる．

グルクロン酸糖転移酵素（GlcAT-P）をコードする遺伝子を欠損させたマウスでは HNK-1 糖鎖をつくれず，脳の領域である海馬の発達に障害がみられ，神経可塑性が低下する．海馬は記憶の可塑性

（不可逆的な記憶）に強く関わっており，迷路を使った記憶障害を検出する動物実験系で空間記憶学習能力に障害がみられた．これらの結果から，HNK-1 糖鎖はシナプス可塑性や記憶学習に重要な機能を担っていることがわかった．

近年，ヒト 11 番染色体に存在する *GlcAT–P* 遺伝子が精神科の疾病である統合失調症の原因遺伝子であることを示唆する報告がなされている．これは統合失調症の患者で見出された 6 番染色体と 11 番染色体との間での染色体転座によって，*GlcAT–P* 遺伝子の発現に何らかの異常が発生して，統合失調症をひき起こしているという仮説である．このような遺伝子異常が広範な症状をひき起こす神経疾患にどのような影響があるかは今後の検討を待たねばならないが，難治性疾患の分子メカニズムの解明と治療への応用が期待される．

2.5.6 糖鎖ケミカルバイオロジーの今後

生体内に存在する巨大分子鎖のなかで，おそらく糖鎖は最も解明が遅れていたものと考えられる．その原因のひとつとして，核酸やタンパク質（ペプチド）と異なり，化学的・生物的手法のいずれを問わず合成が困難であることが挙げられる．しかし，その合成の困難さが意味する生物的な多様性こそが糖鎖の機能で最も重要な点である．とくに高等生物にとってその多様性が高度な生命機能を司っていることが最近の研究で判明してきた．ゲノムの解読が終了しポストゲノム研究へと進展するなかで，糖鎖の研究は今後ますます発展し，“多様性”を発揮していくことになるだろう．そのためにはケミカルバイオロジーの手法による分子レベルでの理解を欠かすことはできない．

2.6 脂質と膜

生体内での脂質の役割としてまず考えられるのは，エネルギーの貯蔵である．糖やタンパク質に比べると酸化段階の低い炭素鎖をもっている脂質は，代謝されて燃焼することによって大きなエネルギーを作り出すことができる．また疎水性物質であるために，水のない状態で蓄えられることからも単位重量あたりでのエネルギー効率を向上させる．脂質のこうした機能は古くから知られており，その生合成や代謝分解が研究されてきた．またリン酸を分子内に含むリン脂質は生体膜の基本骨格である脂質二重膜の構成成分であり，

コラム2

甘味の科学

脳血管疾患，心臓病，糖尿病など，いわゆる生活習慣病の大きな原因のひとつはカロリー過剰摂取による肥満である．肥満を防ぐために砂糖と同じような甘さをもち，低カロリー人工甘味料の開発は社会の強い要請によるものである．また，虫歯の発生はショ糖（スクロース）とミュータンス菌によるものでもあって，甘味をもちながらミュータンス菌に活用されない甘味料の出現は待望されていた．一方，味覚に対する経験がまったくない新生児でも母乳の甘味を求めることから，甘味は“生きるための本能”に直結していると考えられ，研究者の興味を惹きつけてきた．

これまでにサッカリンなどの古典的な人工甘味料のほか，アスパルテームやスクラロースといった甘味料が開発され，現在実用に供されている．これらの甘味料は他の用途に開発された化合物であったが，偶然“甘さ”が発見されたものがほとんどであった．糖を含むこれら甘味物質について甘味と化学構造の関係は多くの研究者によって研究されてきたが，たとえば医薬品のような分子設計には至っていなかった．

細胞や細胞の中にある核などのオルガネラの内外を隔てるという重要な意味がある．生体膜は生体内の情報伝達の場をつくり出しており，化学物質である脂質分子を理解することは生物機能の制御に直結する．一方，ケミカルバイオロジーの立場からはプロスタグランジンなどの脂質性生理活性物質が1980年代以降に注目を浴びるようになってきた．ここでは脂質分子に注目した生体膜の機能と生理活性物質について述べていきたい．

2.6.1 脂質二重膜

生体膜の構造は脂質二重膜を基本とする流動モザイクモデルが広

甘味の受容体が具体的に明らかになったのは，比較的最近のことである．2001年に齧歯類の味蕾に発現した甘味の受容体として，Gタンパク質共役型受容体が発見された．これは7回膜貫通型の膜タンパク質の二量体であり，翌2002年にはヒトの受容体についても同定された [1]．現在，受容体の甘味料結合部位の詳細な三次元構造に基づくケミカルバイオロジー的手法による“分子標的甘味料”の開発が進行中である．なお，2012年ノーベル化学賞はGタンパク質共役型受容体に関する研究に対してB. K. KobilkaとR. J. Lefkowitzに贈られた．

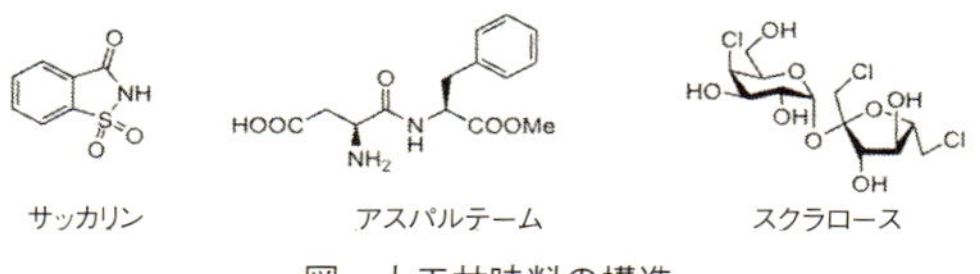

図 人工甘味料の構造

[1] Li, X. *et al.*,（2002）*Proc. Natl. Acad. Sci. USA*, **99**, 4692.

（慶應義塾大学理工学部 中村和彦）

く受け入れられている．極性脂質分子はそれ自身，水中で疎水性基を内側にしたような会合体（ミセル）を形成するが，生体膜でも疎水性基を内側にした二重膜を形成している．化学的に極性脂質は，ホスファチジルコリン約40%，スフィンゴミエリン約20%，ホスファチジルエタノールアミン約20%，その他約10%（ラット肝細胞，原形質膜）からなっているが，この組成はもちろん臓器やオルガネラごとに異なっている．これ以外にコレステロールが疎水性のアルキル鎖に埋め込まれ，これが膜の流動性を制限して堅さを与える．通常，これらの極性脂質のアルキル鎖は混合物ではあるが，鎖長や不飽和度は物性に大きな影響がある．飽和のアルキル鎖は規則正しく集合して硬い膜をつくるのに対して，不飽和結合（通常は*Z*体）はこの集合体の形を崩して，膜に流動性を与える．このような性質の違いが細胞の機能はもとより，生物の生育環境への適応に重要な意味をもっている（図2.28）．

しかし，生体膜は細胞質を均一に包む単純な膜ではなく，部分的に飽和アルキル鎖を主成分としてもつ，スフィンゴ脂質やスフィンゴ糖脂質が局在した部位がある．このような部位は流動性が低くなることに加え，さらにコレステロールが挿入されて硬いパッキングになっていると考えられている．このような部分は，流動性の高い液晶状の細胞膜の中にあたかも筏（いかだ＝ラフト）が浮いているかのような印象を与えることから，"脂質ラフト"という．

脂質ラフトは生体膜上での反応や細胞どうしの認識のうえで重要な意味をもつ．たとえばC型肝炎ウイルスはラフト構造を認識して細胞に進入することが知られており，このメカニズムを応用した創薬研究が実際に行われている．またHIVやインフルエンザウイルスの感染にも関与しているほか，病原性大腸菌O-157の産生するベロ毒素の進入やアルツハイマー（Alzheimer）病原因タンパク質

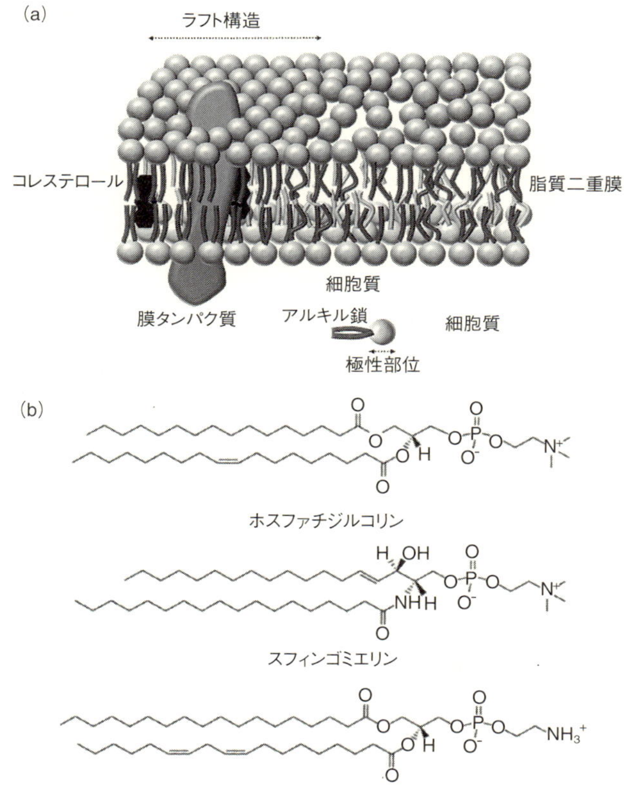

図 2.28　生体膜の構造

(a) 生体膜は両親媒性の脂質分子が疎水性のアルキル鎖を向かい合わせることによって，二重膜を形成している．不飽和結合のあるアルキル鎖から構成される脂質二重膜は流動性が高いが，飽和アルキル鎖とコレステロールを多く含む部分は硬い充填状態となり，脂質ラフトを形成する．この部分に膜の内外の情報伝達を担う膜タンパク質などの機能分子が局在する．

(b) 細胞膜を構成する脂質分子の構造．

であるβアミロイドの毒性発現機構である会合体の形成にも関与しているという報告がある．

2.6.2　Gタンパク質共役型受容体（GPCR）

脂質ラフトは細胞自身にとっては，情報伝達の場としての意味がある．脂質ラフトの部分では，細胞内外に情報を伝達するイオンチャネルのような膜タンパク質が貫通したり，あるいは糖タンパク質のように親水性部位をもつようなタンパク質が会合したりしていると考えられている．つまりこのような情報分子は細胞表面にばらばらに散らばっているのではなく，物理的に形成されるラフト構造におもに局在していると考えられている．膜を介して情報を伝達する分子のなかでもとくに重要なのが，Gタンパク質共役型受容体（G protein-coupled receptor；GPCR）である．Gタンパク質はグアニンヌクレオチド結合タンパク質を意味しているが，リン酸化によって細胞内にシグナルを伝達する機能をもっている．GPCRはGタンパク質を介して情報を伝達する役割を担っている．

GPCRは細胞膜をαヘリックスが7回通り抜ける（貫通する）特徴的な構造を有している．細胞外の神経伝達物質やホルモンなどの生理活性物質を受容して，細胞内のGタンパク質にシグナルを伝える．このシグナル伝達（＝リン酸化）はたとえば嗅覚，味覚，視覚などの重要な生物機能を担っていることが知られている．また臨床で応用されている低分子の医薬は，その多くがGPCRに結合すると考えられている．

ヒトゲノムの全配列が明らかになった今日，計算科学的にこの7回連続したαヘリックスをコードする遺伝子を検索することが可能になった．コンピュータのシリコンチップを使って機能性のタンパク質を見出すことを，生物実験に見立ててこれを*in silico*スクリーニングとよぶ．GPCRの場合はとくにタンパク質に翻訳されないイントロンとよばれる遺伝子部位がほとんどないという特徴があり，精度の高い検索をすることができる．計算技術の発展に伴ってGPCRをコードするたくさんの遺伝子が，受容体に結合する分子（リガンド）が未知のままに発見されることになった．これを“オーファン（孤児）GPCR”という．オーファンGPCRは未知の生命現象に関わると考えられていて，その機能解析はポストゲノム時代の最も重要な研究課題である．とくにリガンド分子の研究にケミカルバイオロジー研究の果たす役割は非常に大きいと考えられている．

2.6.3 膜タンパク質

また，生物機能に関わる分子では膜を構成する脂質分子で制御されるものがある．そのひとつとして，リン酸化酵素であるプロテインキナーゼC（PKC）がある（図2.29）．PKCはさまざまなタンパク質をリン酸化することでいろいろな生理現象に関わり，リウマチや関節炎などの炎症性疾患のほか，喘息，脳腫瘍，心臓血管疾患などに関わることが知られている．なかでもPKCが過剰に活性化されてリン酸化が異常に進行することは，発癌のメカニズムに深く関与する．とくに癌の二段階発症説では，正常細胞から前癌段階の異常細胞に変化（イニシエーション）したのち，さらに病変組織である癌へと進行する過程であるプロモーションにPKCが強く関わると考えられている．

PKCは遺伝子産物であるタンパク質であるが，細胞内で合成されたままの状態では活性を示さない．しかし，自身が適切な位置にリン酸化を受けたのちに，カルシウムイオンの存在下でリン脂質分子であるホスファチジルセリンとジアシルグリセロールが結合する

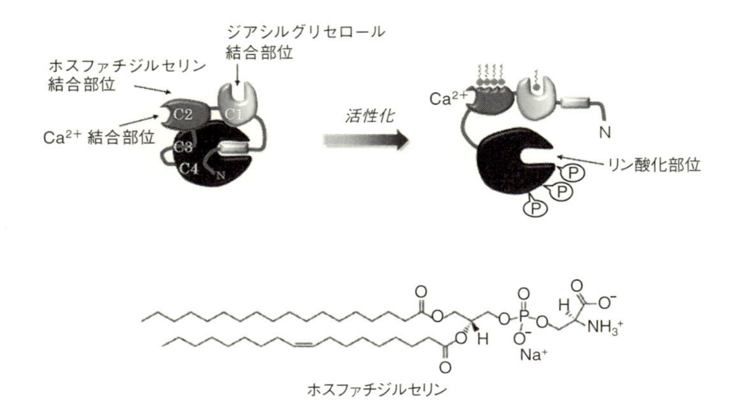

ジアシルグリセロール

12-*O*-テトラデカノイルホルボール 13-アセタート
（TPA）

図 2.29　プロテインキナーゼ C（PKC）の活性化機構

PKC は共通する構造 C1，C2，C3，C4 を保持し，C1 はジアリルグリセロール結合部位，C2 はカルシウムイオン結合部位，C3 は ATP 結合部位，C4 はキナーゼ結合部位である．リボソームで生合成された PKC は折りたたまれた構造を有しており，そのままではリン酸化酵素としての活性を示さない．それ自身が適当な位置にリン酸化を受け，カルシウムイオン，ホスファチジルセリン，ジアシルグリセロールと結合すると，三次元構造に大きな変化が起こり，リン酸化酵素としての機能を獲得する．ジアシルグリセロール結合部位（C1 ドメイン）には TPA が結合することによって同様の機能を発揮することができる．ジアシルグリセロールと TPA にはコンピュータ解析によって空間的類似性が確認されている．

ことによって，三次元構造に大きな変化をもたらして活性化されることが知られている．このような活性化に関わる脂質分子は，細胞内につねに一定の濃度で存在しているが，特定の膜部分に局所的な濃度上昇が起こっている可能性がある．この場合，膜のその部分の近傍で PKC が作用する場を提供しているということになる．

一方，トウダイグサ科の植物から単離された 12-*O*-テトラデカノイルホルボール 13-アセタート（TPA）は強力な発癌プロモーター活性を有している．TPA はジテルペンとよばれる低分子化合物であるが，この活性化機構について詳細に検討したところ，PKC に脂質分子であるジアシルグリセロールと同じ部位で結合することが判明した（図 2.29）．

一見，化学構造としての類似性があまりないと考えられるこうした化合物が，タンパク質の同一の結合部位で認識され同じ分子機構で酵素機能の活性化をひき起こすという事実は驚きをもって迎えられ，くわしい検討が行われた．その結果，ジアシルグリセロールと TPA には空間的に類似性が発見された．さらに類似の活性をもつがまったく構造の異なるテレオシジンやアプリシアトキシンにも類似性が確認された．このような低分子の空間配置は計算科学的に求めることが可能であり，また類似性もコンピュータで客観的に判断できることから，*in silico* 小分子スクリーニングとよばれる．このような研究成果は分子標的医薬などのケミカルバイオロジーの新たな研究分野の開拓へとつながっていった．

2.6.4 アラキドン酸カスケード

直接的な作用を有する脂質性の生理活性物質としては，プロスタグランジン類がよく知られている．プロスタグランジン類は，細胞膜からホスホリパーゼ A_2 という酵素によって切り出される，不飽和脂肪酸であるアラキドン酸から生合成される．アラキドン酸はプロスタグランジン以外にもロイコトリエンやトロンボキサンといった多くの強力な生理活性をもつ化合物群の出発物質となっていることから，この生合成経路を1つの物質を起点とした滝（カスケード）に見立てて，アラキドン酸カスケードという（図2.30）．

プロスタグランジン類は，その種類によって血圧の上昇下降，筋肉の収縮弛緩，末梢神経への作用など多彩かつ強力な生理作用を有している．このなかでもとくに，多くの疾病に関わり，また複雑な

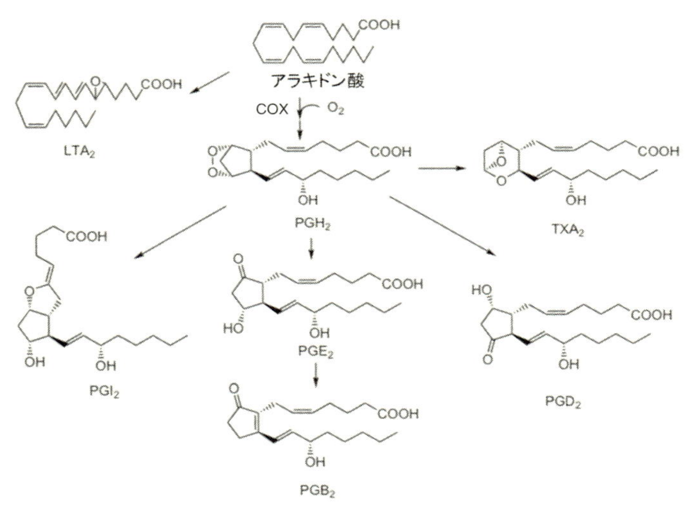

図2.30　アラキドン酸カスケード

不飽和脂肪酸であるアラキドン酸を出発物質として，種々の活性を有するプロスタグランジン（PG），トロンボキサン（TX），ロイコトリエン（LT）などの生理活性物質が生合成される．これらの化合物を炭素20個を有することから“エイコサノイド”と総称する．アスピリンは最初の酸素付加を触媒する酵素（シクロオキシゲナーゼ；COX）を阻害することによって，炎症性物質の産生を抑える作用がある．

生理現象のひとつである“炎症”という現象の促進・抑制に関わっていることが注目を集めた．プロスタグランジンは化学的にはシクロペンタン環を含む炭素20個のモノカルボン酸（脂肪酸）であり，二重結合や酸素官能基の有無によって生理活性が正反対になることもしばしばである．

アラキドン酸カスケードについて化学的に理解することは，疾病の治療に重要な意味がある．おそらく人類が見出した最初の近代医薬であるアスピリンは，アラキドン酸カスケードの最初の段階であるシクロオキシゲナーゼに作用する．これによってカスケード下流の炎症性物質の生合成を抑制し，消炎・鎮痛・解熱などの作用を発揮すると考えられている．アスピリンは最近では手術後の血栓防止の効果も知られているが，これも血液の凝固に必要な血小板凝集に関わる物質を抑制する機能に基づいている．

ケミカルバイオロジーの立場から最初に注目されたのは，これら化合物の全合成研究である．プロスタグランジン類はオータコイド，局所ホルモンとよばれ，局所的に作用するという生理機能から予想されるように，生体内での寿命が非常に短い不安定な化合物である．不安定な化合物の合成研究は決して容易ではなかったが，生物活性を確認するためには十分な量の供給が必要であり，世界中の研究者によって合成研究が競われた．そして化学的に構造を改変した，安定で同様の機能を有するプロスタグランジン類縁体が生まれることになった．現在では国内外から多くのプロスタグランジン誘導体が発売されて臨床の現場で使われている．

古典的には単なるエネルギー貯蔵分子と考えられてきた脂質は，それ自身が多彩な生理機能を有する重要な分子であることが明らかになってきた．とくに脂質分子が形成する生体膜は，創薬研究の標的器官ととらえられるようになってきた．ケミカルバイオロジーの立場からも，こうした分子の化学的・生物的な機能理解が今後ますます重要になると期待される．

2.7　核酸と遺伝情報

生命現象とは，生物の生命活動で生じる現象のことであり，代謝や分裂など多岐にわたっているが，このとき生体内ではさまざまな化学反応が行われている．これらの化学反応は，タンパク質である酵素によって制御されており，生物はこれらの酵素を合成すること

コラム3

ウミケムシの炎症性物質

海洋生物であるウミケムシは，日本をはじめとして温帯地方の海岸に生息する環形動物（ゴカイの一種）である．身体の側面に剛毛とよばれるガラス質の毛が生えていて，不用意に触れると毛虫同様に皮膚に炎症をひき起こす．決して死に至る症状ではないが，ときに数週間にもわたり腫れがひかないことから一種の“危険生物”といえるものである．こうした身近な危険生物の存在は非常に古くから知られていて，ローマ帝国の軍医Dioscorides（AD40？～90）は，その著書『薬物誌』（*De Materia Medica*）の中に記述している．しかし，その毒の本体は長く明らかにされなかった．

筆者らは最近，ウミケムシのメタノール抽出物からコンプラニンを単離した．コンプラニンは不飽和炭素鎖と陽電荷をもつ親水性部位からなる，両親媒性の（水と有機溶媒の両者に親和性を有して溶解する）物質である．コンプラニンはマウスの足に皮下注射すると炎症をひき起こすことから，ウミケムシの炎症惹起物質であると同定された．

コンプラニンの生物機能を調べていくなかで，筆者らはホルボールエステルTPAの存在下でPKCを活性化する機能を発見した．つまりコンプラニンは脂

で生命活動を行っている．この酵素を合成する際に設計図のはたらきをするものが遺伝子である．つまり，遺伝子や核酸はケミカルバイオロジーにおいてきわめて重要な研究対象であり，遺伝学や遺伝子工学と結びつくことでさまざまな研究がなされている．ここでは，遺伝子と核酸に関する基礎的な知見およびケミカルジェネティクス（化学遺伝学）について概要を述べる．

タンパク質の設計図である遺伝情報は核酸として細胞内に保存されている．核酸は糖と核酸塩基（塩基）とリン酸の結合したヌクレオチドとよばれる物質が鎖状に連なった高分子化合物である．核酸

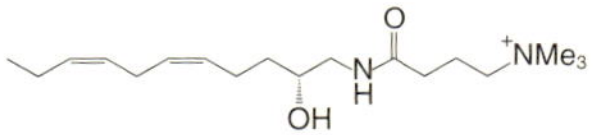

O
$^{+}$NMe$_3$
N
H
OH

コンプラニンの構造

質分子ホスファチジルセリンの代わりにPKCに作用し，その活性化をひき起こすことがわかった．

コンプラニンは生体内に存在する脂質分子と同様に両親媒性を示す一方，ほとんどの脂質分子が負電荷を有するのに対して陽電荷をもっている．しかし，どちらも水中では疎水性部位を内側にして電荷を外に向けた会合体（ミセル）を形成していると考えられる．おそらくPKCはこのミセルを認識して分子全体の三次元構造を変え，活性化しているものと考えられる．

天然から得られる生理活性分子は，その特異な構造と活性によって生命現象の分子レベルでの理解を助けてきた．コンプラニンの発見はそのような例のひとつである．

[1] Nakamura, K, *et al.*,（2008）*Org. Biomol. Chem.*, **6**, 2058.

（慶應義塾大学理工学部　中村和彦）

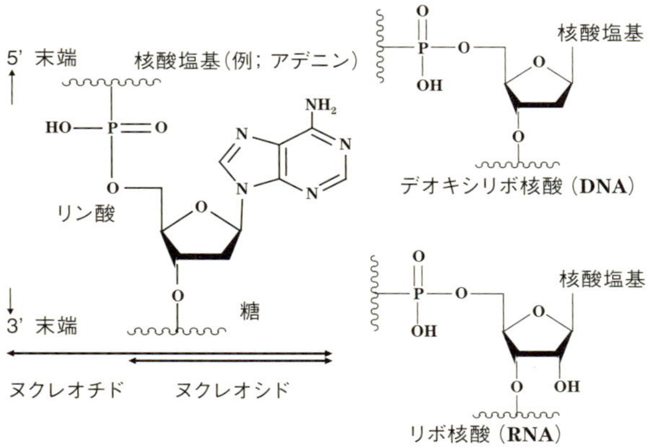

5' 末端　核酸塩基(例; アデニン)

HO—P=O　NH_2

リン酸　糖

3' 末端

ヌクレオチド　ヌクレオシド

核酸塩基　デオキシリボ核酸 (**DNA**)

核酸塩基　リボ核酸 (**RNA**)

図 2.31　核酸の構造

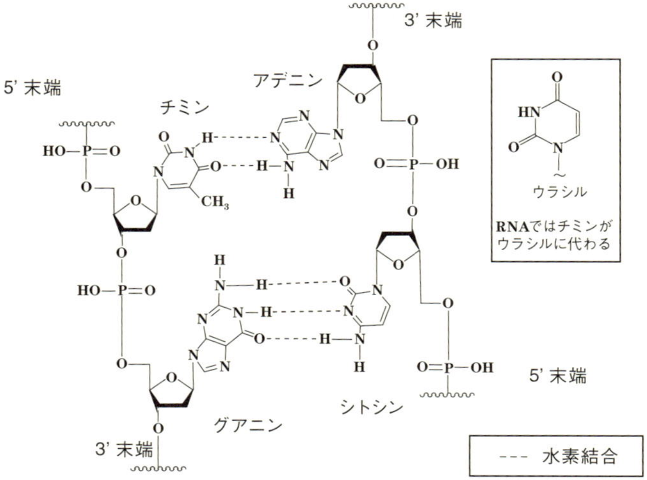

3' 末端　5' 末端　アデニン　チミン　CH_3

ウラシル

RNAではチミンがウラシルに代わる

グアニン　シトシン　5' 末端　3' 末端

--- 水素結合

図 2.32　水素結合

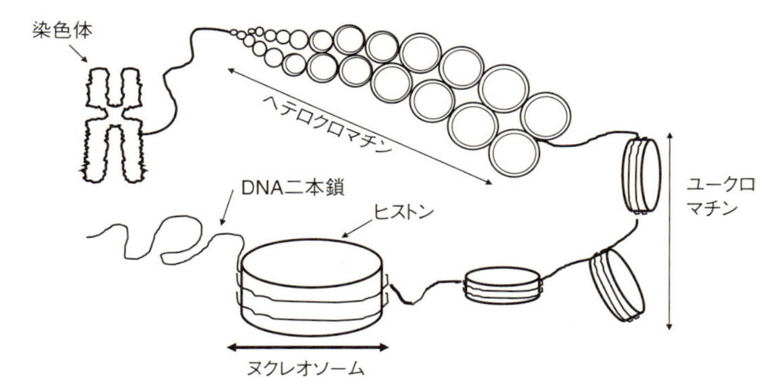

図 2.33 染色体の構造
染色体は DNA とさまざまなタンパク質から構成される．まず，DNA がヒストンタンパク質に巻きついた（約 150 bp）ヌクレオソーム構造を取る．ヌクレオソーム構造はさらに凝集し，らせん状に巻き，折りたたまれることによってクロマチン繊維に，さらに組織的に折りたたまれ，よりコンパクトな染色体構造に変換される．クロマチンはその凝集の度合いによりユークロマチンとヘテロクロマチンに分けられる．ユークロマチンはクロマチン構造が緩んでおり，この部分が活発に転写されている．一方，ヘテロクロマチンは凝集しており，この領域ではあまり転写が起きていない．

は DNA（デオキシリボ核酸）と RNA（リボ核酸）に分けられ（図 2.31），DNA では糖としてデオキシリボースが，RNA ではリボースが用いられている．

また，塩基成分のアデニンとチミン，あるいはグアニンとシトシンが強く結びつく性質（図 2.32）を利用して，DNA は相補的な二本鎖の右巻き二重らせん構造を形成する．この二重らせんはヒストンというタンパク質に巻くことでヌクレオソームという繰返し構造を形成し，さらにヌクレオソームは規則正しく折りたたまれてクロマチン構造を形成し，最終的には染色体を構成する（図 2.33）．このような複雑な構造によって，ばく大な量の遺伝子情報をコンパク

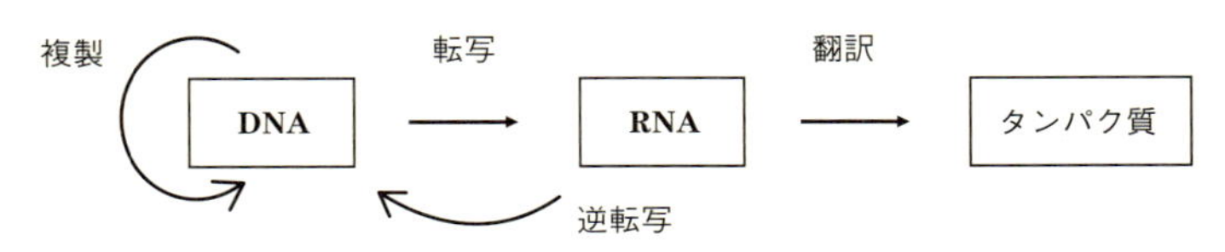

図2.34　セントラルドグマ
セントラルドグマとは，あらゆる生物種において，遺伝情報はDNA，RNA，タンパク質の順に伝達され，さらにその流れは一方的であるという考え．遺伝情報がDNAからRNAに伝達される段階を転写，さらにタンパク質のかたちに変換される段階を翻訳とよぶ．また，翻訳のまえにスプライシングとよばれるRNA編集が行われる．一方，RNAからDNAを合成する逆転写酵素の存在や，ウイルスによるRNAからRNAへの複製が確認されたことから，近年セントラルドグマは修正を受けている．

トに保存することができ，また遺伝子の発現を局所的な構造の変化で制御している．

2.7.1　セントラルドグマ

遺伝情報をもとにタンパク質が合成される際，DNAはまずRNAに転写され，次にRNAからタンパク質に翻訳される．つまり，レトロウイルスなどの例外はあるものの，遺伝子情報には，複製，転写，翻訳という一方向の流れがあり，これをセントラルドグマという（図2.34）．以下にその各過程の概要を説明する．

(1) 複　製

細胞分裂の際，DNAは複製されて（図2.35）娘細胞に分配される．まず，複製開始点とよばれる領域が複数のタンパク質に認識されて，そこからヘリカーゼや，DNAトポイソメラーゼ（DNAジャイレース）によってDNA二重らせんが解かれ，それぞれの鎖が鋳型となる．RNAポリメラーゼ（プライマーゼ）が短鎖のRNA（プライマー）をつくり，このプライマーを基点としてDNAポリメ

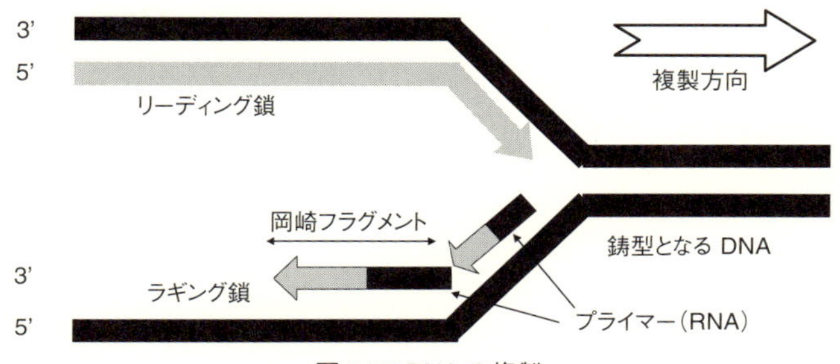

図 2.35 DNA の複製
複製は，細胞分裂に先立って二本鎖 DNA が複製され倍化する過程のこと．複製された DNA は細胞分裂において２つの娘細胞に分配され，遺伝情報を受け継いでいく．

ラーゼが相補的 DNA を合成することで複製が行われる（図 2.35）．真核生物の染色体は環状の原核生物と異なり直線状で，この直線 DNA の末端はプライマー合成のために複製のたびに短縮していく．この染色体の末端部分はテロメアとよばれるタンパク質複合体構造をとっている．このテロメアはテロメラーゼによって伸長されるのであるが，癌細胞にはこのテロメアーゼが大量に存在しており，癌細胞の不老化の原因のひとつではないかと考えられている．

(2) 転　写

RNA は，DNA の遺伝子情報をもとに合成される．この合成を転写とよぶ．原核生物では σ 因子が RNA ポリメラーゼと結合することで転写が開始される．σ 因子にはいくつかの種類があり，各 σ 因子の発現量を制御することで対応する遺伝子群を制御することができる．転写開始点から 10 塩基対と 35 塩基対手前に共通配列（consensus sequence）があり，RNA ポリメラーゼはこの領域を認識することで転写を始める．この領域をプロモーター領域とよぶ．真核生物のプロモーターは原核生物よりも複雑であり，さまざまなタンパク質が転写開始点の上流に結合することで転写を制御している．このタンパク質をトランスエレメント，対応する領域をシスエレメントとよぶ．シスエレメントにはプロモーター以外にもエンハンサーやリプレッサーがある．合成されたmRNAは，核膜孔を通って細胞質へ運び出され，その一端にリボソームが付着し，翻訳段階に移行する．その際，mRNAは化学的切断・修飾を受け，タンパク質に翻訳される成熟したmRNAに加工される（プロセシング）．一方，原核生物では，プロセシングの過程を経ずに翻訳段階に移行する．

(3) 翻　訳

mRNAを鋳型としてタンパク質がつくられる段階を翻訳という（図2.36）．mRNA上の連続する3塩基をコドン（codon）といい，それぞれ1つのアミノ酸に対応している．翻訳はコドンに対応するアミノ酸がtRNAによって運ばれ，リボソーム複合体内でペプチジルトランスフェラーゼによって結合されることで行われる．真核生物では翻訳は小胞体膜上で行われ，合成されたタンパク質は小胞体やゴルジ体を通過する際に折りたたまれ，糖鎖などの修飾を受けることで活性を示す．

2.7.2　遺伝子工学

ここまで述べたように，生物はDNAを複製する能力をもっており，転写・翻訳を経てタンパク質を合成する．遺伝子工学とは遺伝子を人為的に操作する技術であり，生物のもつこれらの能力はさまざまなかたちで遺伝子工学に用いられている．

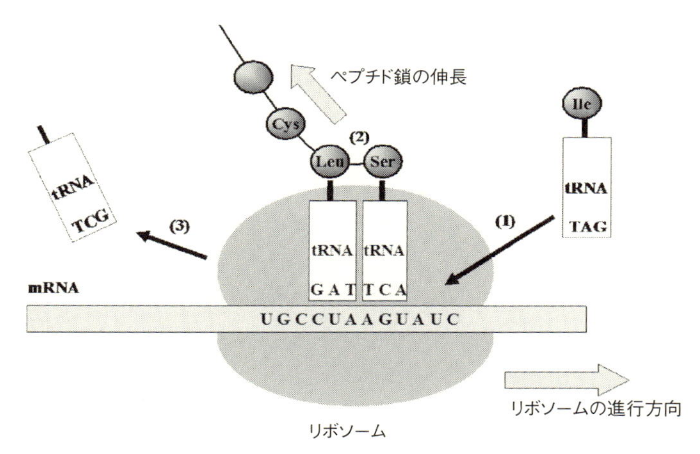

図 2.36　翻　訳

(1) mRNA のコドンに対応するアンチコドンをもつアミノアシル tRNA が結合する.
(2) ペプチジルトランスフェラーゼがペプチド結合形成を触媒する.
(3) リボソームが移動し，空になった tRNA は mRNA から離れる.

(1) PCR 法

polymerase chain reaction（ポリメラーゼ連鎖反応）の略．PCR 法は DNA ポリメラーゼを利用して，DNA の一定領域を大量に増幅させる方法である．1985 年 K. Mullis らによって発表され，さらに耐熱性の Taq DNA ポリメラーゼが導入されることで実用化された．PCR は，二本鎖 DNA が水溶液中で高温になると一本鎖 DNA に分かれる性質（変性）を利用している．変性した DNA 溶液に，短い DNA 断片（プライマー）を加えて冷却していくと，一本鎖 DNA と相補的なプライマーが結合し部分的に二本鎖となる（アニーリング）．この状態で DNA ポリメラーゼがはたらくと，プライマーが結合した部分を起点として一本鎖部分と相補的な DNA が合成される（伸長）．DNAが合成されたのち，ふたたび高温にしてDNAを変性させる．このサイクルを30サイクル程度行うと，百万～一千万倍にまで増幅される（図2.37）．

(2) クローニング

外部由来DNAを大腸菌，放線菌，酵母などの宿主に入れ，目的DNA断片をもつ集団（クローン）を増幅させる手法をDNAのクローニングとよぶ．増幅したDNAの塩基配列を決定することによって，容易に遺伝子情報を得ることや，宿主に外来の遺伝子を発現させることが可能になった．

(3) ベクター

DNAを宿主に導入するためには，目的のDNAをベクターというDNA分子に組み込む必要がある．ベクターには，宿主内でベク

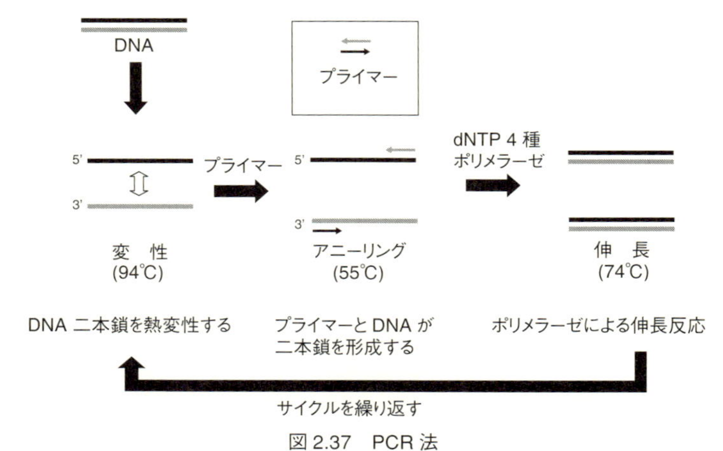

図2.37　PCR法

dNTP：デオキシリボヌクレオシド三リン酸．

ターが増殖できるために複製開始点が，また形質転換体を選択するためにマーカー遺伝子（薬剤耐性遺伝子など）が組み込まれている．現在，プラスミド，ファージあるいは人工染色体を用いたベクターがよく使われている．プラスミドは環状の二本鎖DNAで，宿主のゲノムDNAとは独立して，自立的に複製する能力をもっている．10〜20とコピー数も多く，一般的に利用されているが，2〜6 kbと組み込めるDNAのサイズが小さい欠点がある．バクテリオファージは細菌に感染するウイルスのことで，このλファージDNAの特定の部位をプラスミドベクター上に組み込むことでプラスミドベクターを，ファージとして大腸菌に感染させることが可能となった．これをフォスミド（コスミド）という．25〜50 kbの長鎖のDNAを組み込めるのが特徴である．人工染色体とは細胞内で人工的に構築した最小限の染色体で，染色体の維持・継承に関わる機能をもつために宿主の細胞染色体とは独立に存在できる．これらの例としてプラスミドの複製分配に関与する遺伝子を組み込んだ大腸菌プラスミドベクター，細菌人工染色体（bacterial artificial chromosome ; BAC）がある．BACには150〜300 kbのDNA断片を組み込めるのが特徴である．

(4) 形質転換

細胞へのDNAの導入を形質転換とよぶ．ここではとくに大腸菌の形質転換について述べる．形質転換法は大きく2種類に分けられる．ひとつは化学的処理で細菌表面に孔を開ける方法，もうひとつは電気ショックで膜に孔を開ける方法である．一番目の方法はカルシウム法とよばれる．これはまだ原理は明らかとなっていないが，カルシウム溶液で大腸菌を処理すると，DNAの細胞膜の透過率が上がることを利用した手法で，このような状態の細胞をコンピテント（competent）細胞とよぶ．プラスミドDNAとコンピテント細胞を氷温で混合し，30分放置することで，細胞が形質転換される．もうひとつの方法はエレクトロポレーション法といい，DNAと大腸菌を混ぜて瞬間的に数千ボルトの電圧で通電することで細胞膜に孔を開けDNAを拡散，通過させる方法である．どちらの方法も処理後は培地を加え，十分インキュベートすることで目的を達成できる．

2.7.3　ケミカルジェネティクス

ケミカルジェネティクスは化学遺伝学と訳され，文字どおり化学と遺伝学が融合した学問である．このような背景のため，ケミカルジェネティクスには，遺伝学と共通した考え方が多く含まれる（図2.38）．たとえば，遺伝学にはフォワードジェネティクスという考え方がある．これは，形質からその原因となる遺伝子を特定しようという考え方である．つまり，ゲノムに変異をランダムに導入して形質の変化を調べ，遺伝子上の変異との関連を調べることで，ある形質と関係する遺伝子を特定することができる．たとえば，ショウジョウバエにランダム変異処理をし，目の色の変化した個体の遺伝子を解析すれば，目の色の形質に関係する遺伝子を明らかにすることがでる．ケミカルジェネティクスで遺伝学のフォワードジェネティクスに当たるものが，フォワードケミカルジェネティクスである．化学物質を用いることで，その化学物質と結合するタンパク質およびその遺伝子を検出する方法をフォワードケミカルジェネティクスという．つまり，まず化合物ライブラリを構築し，目的とする形質の変化をひき起こす化合物をスクリーニングする．中井らの行ったクロラクトマイシンの研究はその代表例である [1]．これは，テロメアを短くした酵母を調製し，この酵母に対する選択的な

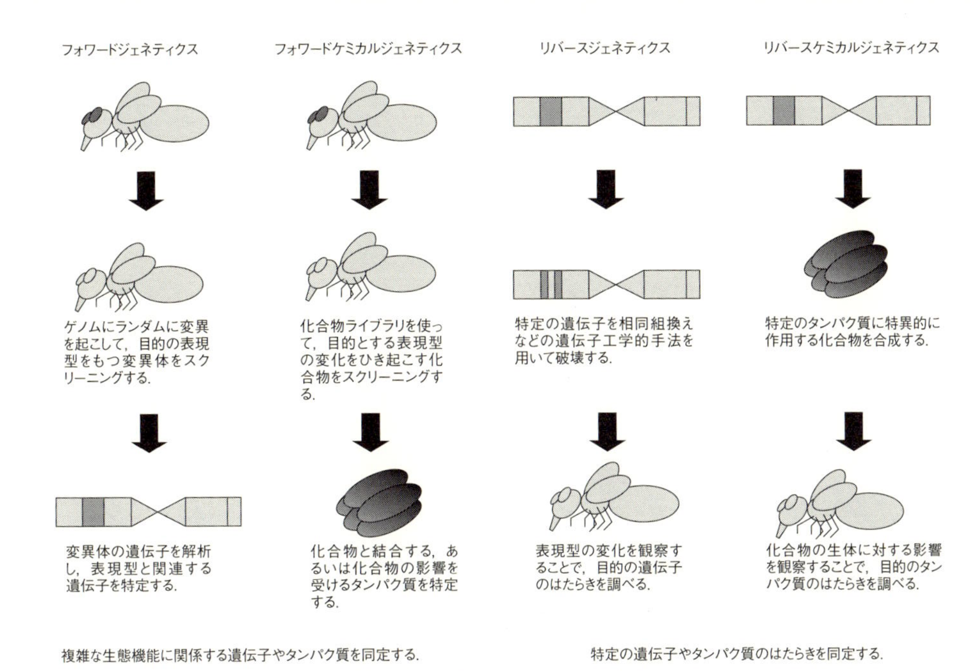

図 2.38　ケミカルジェネティクス

増殖抑制作用を指標にして，化合物を探索した結果，微生物産物ライブラリからクロラクトマイシンというテロメラーゼの阻害剤をスクリーニングしたものである．

一方，フォワードジェネティクスとは逆の視点から生まれたのがリバースジェネティクスという考え方である．ランダムに変異をひき起こすのではなく，特定の遺伝子に遺伝子工学的手法を用いることで選択的に欠失あるいは破壊し，その結果起こる形質の変化を研究することでその遺伝子の機能を解析する学問である．ショウジョウバエでたとえると，機能不明の遺伝子を破壊し，観察した結果目の色が変化すれば，破壊した遺伝子は目の色に関係した遺伝子であると推測できる．ケミカルジェネティクスの分野でも同様にリバースケミカルジェネティクスという考え方がある．ある機能が不明なタンパク質と特異的に反応する化合物を合成し，その化合物の細胞や生体への影響を調べることで，そのタンパク質の細胞内での機能を研究する方法である．この，リバースケミカルジェネティクスの例としては，HDAC6（ヒストン脱アセチル化酵素）の機能解析がある．トリコスタチンAとトラポキシンという2種類のHDAC阻害剤の選択性を利用して，αチューブリンがHDAC6の基質であることを明らかにしている [2]．ここで示したように，ケミカルジェネティクスは，化合物が，遺伝子やタンパク質にどのような影響を及ぼすかを明らかにする学問である．化合物と遺伝子やタンパク質との関係を理解することで，化合物の人体へのはたらき，つまり薬効や副作用などを明らかすることができる．

ケミカルジェネティクスという学問は萌芽的段階において，研究は単発的なものであった．しかし近年，このような化合物ライブラリと遺伝子やタンパク質との関係を網羅的にデータベース化することで効率的なスクリーニングを行おうという動きが活発化している．このような大規模なスクリーニングを行うには，膨大な規模の化合物ライブラリを構築し，多様なアッセイ系を用意する必要がある．そのために世界中で国家規模での技術開発が行われており，このような大規模な網羅的スクリーニングを行うための研究を，ケミカルゲノミクスとよぶ．

参考文献

[1] Nakai, R., *et al*. (2006) *Chem. Biol*., **13**(2), 183–190.
[2] Hubbert, C., *et al*. (2002) *Nature*, **417**(6887), 455–458.

2.8 エピジェネティクス

2.7 節ですでに述べたとおり，DNA が遺伝子の本体であり，DNA の塩基配列の違いが表現型の違いをもたらす．しかし一方で，1 つの受精卵からできあがったわれわれの体を形づくる細胞はすべてまったく同じ遺伝子をもつにもかかわらず，皮膚，心臓，肝臓，神経，血球などなど，多様な個性をもってそれぞれの役割を果たしている．この違いはいったいどこからくるのだろうか？　これは，細胞の種類によって発現している遺伝子の種類や量が異なることに由来する．さらにたとえば皮膚では，活発な細胞分裂によってどんどん新しい皮膚細胞が生まれ新陳代謝が行われているが，皮膚の細胞から突然神経細胞が生まれることは決してない．つまり細胞が分裂しても皮膚の細胞に必要な遺伝子の発現パターンの“記憶”がちゃんと受け継がれるのである．このような，DNA の塩基配列の変化を伴わずに遺伝子の発現を調節するしくみについて研究する学問を，伝統的な遺伝学（genetics）と対比してエピジェネティクス（epigenetics）とよぶ．

コラム4

DNA シークエンシング技術の進展

DNA の塩基配列を解析する DNA シークエンシングは，1975 年に開発されたサンガー（Sanger）法によって実用化された（図 1）．サンガー法は目的の DNA を鋳型としてプライマーと 4 種類のデオキシリボヌクレオシドを用いて DNA を合成する．その際，ジデオキシリボヌクレオシド（ターミネーター）を加えておくと，DNA 鎖の伸長が阻害され，結果さまざまな長さのフラグメントが増幅される．ターミネーターごとに異なる蛍光標識をしておき，合成されたフラグメントをまとめてポリアクリルアミド電気泳動にかけて物理的に分離することで DNA 配列を決定する．なお近年ほとんど行われないがターミネーターごとに PCR を行い，別々のレーンで電気泳動をして配列を解析する手法もある（図 2）．

サンガー法（ジデオキシ法）はいくつかの改良が加えられ，現在でも広く利用されている技術である．近年，さまざまな生物の全ゲノム解析が行われているが，これらゲノム DNA のシークエンシングは，通常のシーケンスよりも桁違いに扱う DNA 量が巨大で，DNA 塩基配列解読の超高速化，大量解読化が必要とされた．そこで，現在世界中で次世代シーケンサーの開発が進んでいる．次世代シーケンサーとは，サンガー法を利用したシーケンサーを第一世代とよぶことに対応して使われる名称である．日々進化しているこれらのシークエンシング技術は，その特徴を基に第二世代，第三世代，第四世代シーケンサーと分類されることもある．現在，上市されているのは第二世代シーケンサーで，Roche 社，Illumina 社，ABI 社，そして Helicos 社のシーケンサーなどが広く使われている．

サンガー法が伸長産物から直接配列を決定するのに対し，第二世代シーケンサーは，シークエンシング対象となる短い DNA 断片を増幅し，それを鋳型にポリメラーゼあるいはリガーゼで相補鎖を合成する際のシグナル，つまり，伸長の副産物を測定することで配列を決定する（図 3）．たとえば，Roche 社（454 Life Sciences 社）の FLX シーケンサーの検出方法は各塩基を 1 種類ずつ

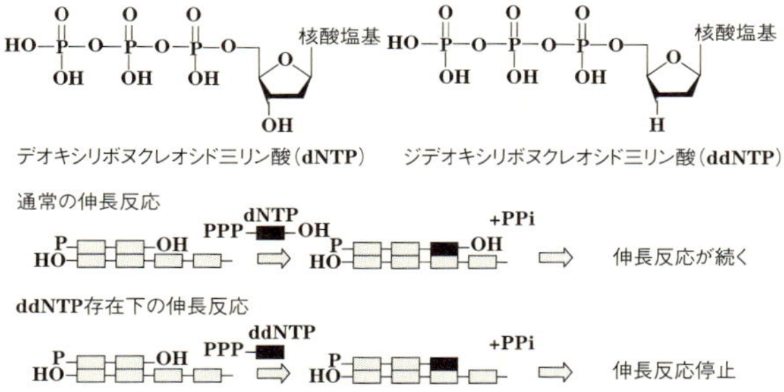

核酸塩基　核酸塩基

デオキシリボヌクレオシド三リン酸（dNTP）　ジデオキシリボヌクレオシド三リン酸（ddNTP）

通常の伸長反応　dNTP　+PPi　伸長反応が続く

ddNTP存在下の伸長反応　ddNTP　+PPi　伸長反応停止

図1　サンガー法の原理

ddNTPは3末端にヒドロキシ基をもたないので，dNTPの代わりにddNTPが取り込まれるとそこで鎖の伸長が停止する．

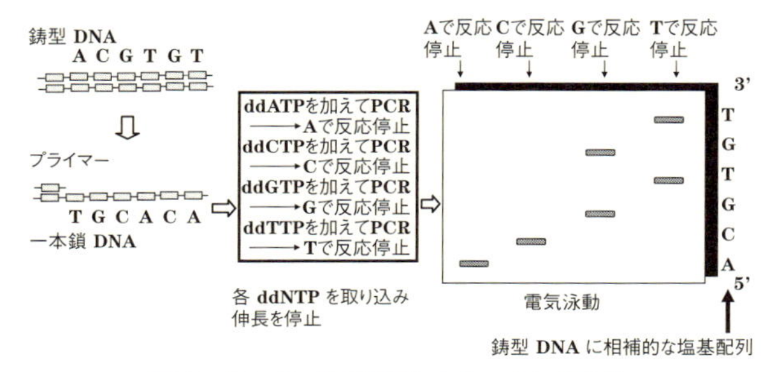

図2　サンガー法を利用したシーケンスの例

順に反応させ，1反応ごとに副産物であるピロリン酸（PPi）を検出することで塩基配列を決定する（パイロシークエンシング法）．また，Illumina社（Solexa社）のHISeqでは，4つの塩基に別々の蛍光標識をつけ，伸長反応によって放出される標識を検出するSequencing by synthesis法が用いられている．

サンガー法でDNA配列を決定するには，(1) DNAを断片化する，(2) DNA断片をクローニングする，(3) 大腸菌を培養してプラスミドを抽出する，とい

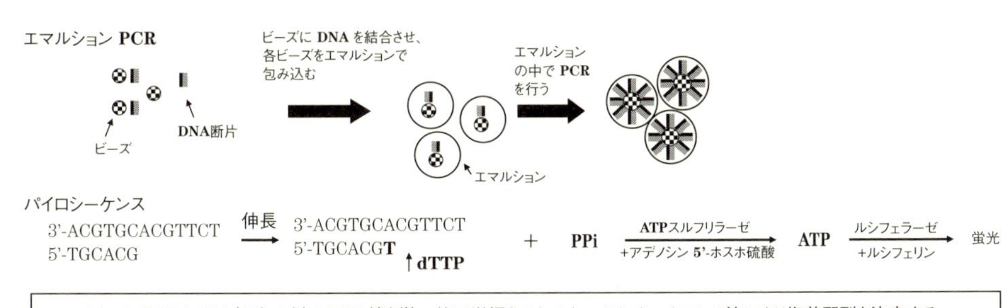

エマルション PCR により,各ビーズ上にDNA鎖を単一的に増幅させたのち，パイロシークエンス法により塩基配列を決定する.

(1)DNAをビーズ上に捕捉する. ビーズを油中水滴エマルションに包み込む. その後 PCR により各 DNA がビーズ上で数百万コピー増幅される.

(2)エマルションを破壊して回収した各ビーズはピコタイタープレートの各ウェルに1つずつ導入する. 以降パイロシーケンスに供する.

(3)ウェルに dNTP のうちのいずれか (dATP, dGTP, dCTP, dTTP)を添加する. テンプレート相補的な dNTP が添加されると, DNA ポリメラーゼによる伸長反応により dNTP が DNA に取り込まれ, 取り込まれたヌクレオチド量に比例した PPi(ピロリン酸)が放出される.

(4)ピロリン酸とアデノシンを基質として, スルフリラーゼが ATP を生成する. この ATP とルシフェリンを基質として, ルシフェラーゼが発光反応を起こし, この発光シグナル強度を CCD(charge-coupled divice) カメラで検出する。

(5)この過程の繰返しにより相補的な DNA 鎖が形成され, 発光ピークから塩基配列が決定される.

図3　次世代シーケンサーの原理

う準備が必要である．しかし，次世代シークエンシングではDNAを非常に細かく断片化するため，従来の方法でクローニングするのにはコストがかかりすぎる．そこで，第二世代シーケンサーは，断片化したDNAをビーズ上でクローナルにPCRし，各PCR産物をパイロシーケンス法で配列決定することで大量シークエンシングを可能とした．たとえばFLXでは，ゲノムDNAを断片化してアダプターを付加し，このゲノムDNAの5'末端をビーズに吸着させる．このビーズをそれぞれ，PCR反応試薬が入ったエマルションの中に取り込ませ，個々のビーズごとにDNAの増幅反応を行う（エマルションPCR）．HiSeqでは，ビーズの代わりに基盤にDNA断片を並べるbridge PCR法で，細分化したDNA断片を一度にシークエンシングする．そのほか，放出される水素イオン濃度を半導体チップ上で検出し塩基配列に変換するIon PGMなどもある．これらの次世代シーケンサーにより，近年では一度に600 Gbもの遺伝子情報を得ることも可能となった．

現在，第三世代のシーケンサーも発表され，発売されている．第三世代シーケンサーの特徴は，DNA 1分子からのシーケンスが可能になったことである．たとえば，Pacific bioscience社のPacBio *RS* IIは1分子のDNAをリアルタイムでシークエンシングすることで1リード平均4.5 kb，最長20 kbで最大200 Mbのシーケンスデータを得ることが可能となっている．また，第四世代のシーケンサーも提案されており，その最大の特徴は，物理的な方法で直接DNAを観測することで配列を決定しようとすることである．

近年，さまざまな技術革新によって，シークエンシングのスピードは加速度的に上昇している．これまで次世代シーケンサーには，大量のDNAを処理できる代わりに，正確さに問題点があったが，それも克服されつつある．このような状況で，シークエンシングや一次データ処理などは日々，自動化，ルーチン化されつつある．今後，得られた大量の情報から必要な情報をいかに効率的に抽出するか，あるいは得られた情報を利用してどうやって画期的な研究を立ち上げるのかというアイデアが，これまで以上に求められてくるようになってきている．　（神奈川大学理学部天然医薬リード探索研究所　阿部孝宏）

2.8.1　分化とエピジェネティクス

受精卵は活発な細胞分裂を繰り返し，あらゆる種類の細胞に分化する能力をもっている．“分化する”というのは，言い換えれば遺伝子の発現パターンが変化することを意味する．ごく最近まで，いったん最終的に皮膚の細胞や神経細胞などに分化した細胞は，もう他の細胞になる能力は失われていると考えられてきた．しかし，2006年京都大学の山中伸弥は，皮膚の細胞（繊維芽細胞）から，さまざまな細胞に分化しうる能力をふたたび獲得したiPS細胞（induced pluripotent stem cell，人工多能性幹細胞）を作製し，細胞の“記憶”はリセット可能であることを示し，大きな反響を呼んだ．将来，自分自身の皮膚の細胞からさまざまな臓器や細胞などを自在に作製できるようになれば，今まで不可能と思われてきた再生医療が可能になるかもしれないという期待が高まっている．山中は，細胞にたった4つの遺伝子を入れるだけで，iPS細胞ができることを示したが，この方法で作製したiPS細胞が癌化しやすいことなど，解決すべき問題もあった．しかしiPS細胞の作製法も進歩し，最近ではiPS細胞を使った臨床試験も開始されており，日本発の夢の再生医療が実現する日も遠くないかもしれない．山中はこの業績により2012年にノーベル医学生理学賞を受賞している．

では，そもそもこのような細胞の性質を決める遺伝子の発現パターンはどのように調節されているのだろうか？　2.7.1項で述べたとおり，DNAはヒストン（histone）というタンパク質と結合し，クロマチン（chromatin）とよばれる複合体をつくっており，そのクロマチンの構造がそこにコードされる遺伝子の発現と密接に関係している．ゲノムの中で，転写が行われていない領域ではDNAがヒストンにしっかり巻き付いた状態（ヘテロクロマチン）になっており，活発な転写が行われている領域では，緩んだ状態

（ユークロマチン）になっていることが知られている（図 2.33 参照）．現在までに明らかになっているおもな遺伝子発現調節のしくみとしては，DNA のメチル化と，ヒストンの化学修飾が挙げられる．DNA 塩基配列のみに着目したゲノム（genome）という言葉に対して，このような修飾されたゲノムをエピゲノム（epigenome）とよぶ．

2.8.2　化学修飾の多様性

DNA やヒストンの化学修飾についてもう少し詳しくみてみよう．DNA のメチル化は，シトシンの 5 位に起こることが知られており，遺伝子のプロモーター領域にある CpG アイランド（CpG island）とよばれる部分がメチル化されると，その遺伝子の発現は強く抑制される．メチル化は DNA メチル化酵素（DNA methyltransferase）によって触媒され，*S*-アデノシルメチオニン（*S*-adenosyl methionine；SAM）がメチル基ドナーとして利用される（図 2.39）．DNA のメチル化のパターンは，分化するに従って変化するが，iPS 細胞で示されたようにリセットすることも可能である（エピゲノムの可変性）．また，メチル化のパターンは DNA の複製時にも維持され，細胞分裂後も親細胞と同じエピゲノムが継承される（エピゲノムの遺伝性）（図 2.40）．

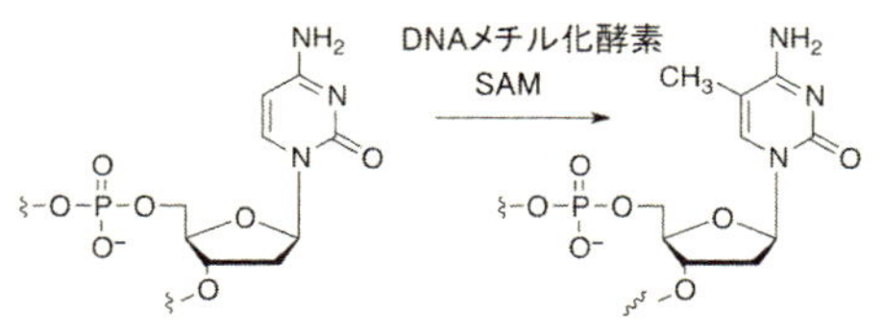

図 2.39　DNA シトシンメチル化反応

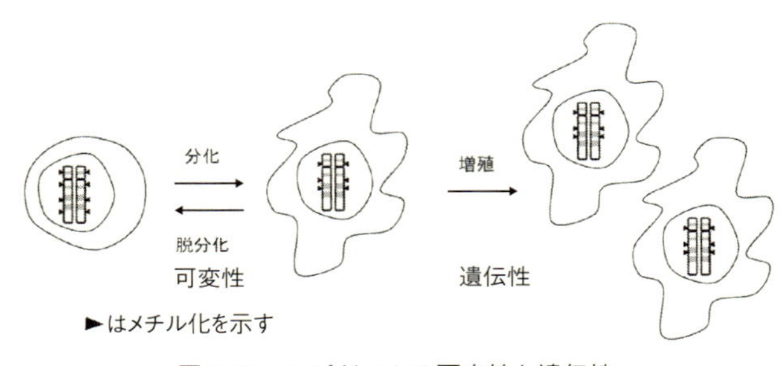

図2.40　エピゲノムの可変性と遺伝性

一方，ヒストンの化学修飾による発現制御は非常に複雑で多様である．ヒストンタンパク質のうち，コアヒストンとよばれる4つのヒストン（H2A，H2B，H3，H4）が各2個ずつで8量体を形成し，これにDNAが巻き付き，DNAをコンパクトに収納している．それぞれのヒストンタンパク質のN末端はヒストンテイルとよばれるフレキシブルな構造をしており，ここにアセチル化，リン酸化，メチル化，ユビキチン化などの化学修飾が起こることにより，その遺伝子の発現が制御されている（図2.41）．これら個々の遺伝子に結合しているヒストンの修飾の組合せが，全体としての遺伝子の発現パターンを決めていることから，ヒストンコード（histone code）ともよばれている．

ヒストンは塩基性のリシンを多く含むタンパク質で，酸性のDNAと高い親和性をもつ．このリシン残基がアセチル化されると一般に転写活性化が起こり，逆に脱アセチル化されると転写が抑制されることが知られている．ヒストンのアセチル化は，ヒストンアセチル化酵素（histone acetyltransferase）とヒストン脱アセチル化酵素（histone deacetylase）によって制御されており，さまざまな刺激に応答してダイナミックなアセチル化–脱アセチル化による遺

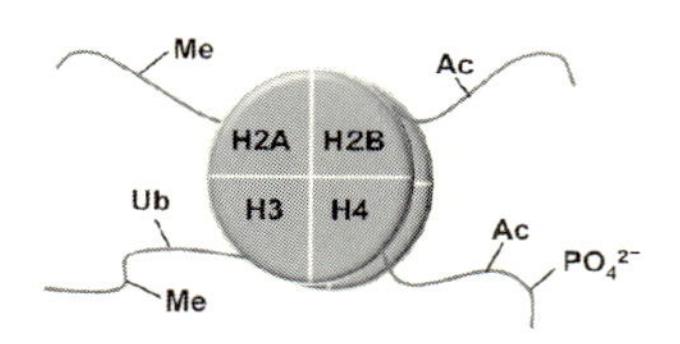

図 2.41　ヒストンの化学修飾
Me：メチル，Ub：ユビキチン，Ac：アセチル．

伝子発現制御が行われると考えられている．一方，メチル化はヒストンメチル化酵素（histone methyltransferase）により触媒され，リシンならびにアルギニン残基に起こる．やはりメチル基のドナーとしてはSAMが使われ，リシン残基の場合にはモノメチル化，ジメチル化，トリメチル化，アルギニンの場合にもモノメチル化，ジメチル化と多様なメチル化修飾を受けることが知られている（図2.42）．メチル化の場合は，ヒストンのどの部分のアミノ酸残基がメチル化されるかによって，それを認識する異なるタンパク質が結合し，転写活性化が起こる場合と逆に転写抑制が起こる場合がある．ほかにもリン酸化やユビキチン化などさまざまなヒストンの化学修飾が知られており，遺伝子の発現が複雑に制御されていると考えられる．

2.8.3　エピゲノムと疾病

さらに最近，エピゲノムと疾病の関係も注目を集めている．栄養摂取の状態やストレスなどによってエピゲノムが変化することが知られており，癌や生活習慣病，さらに精神疾患との関連も強く示唆されている．同じ遺伝的な因子をもつ一卵性双生児でも，育った環境により，病気を発症する場合としない場合がある．また，胎児期

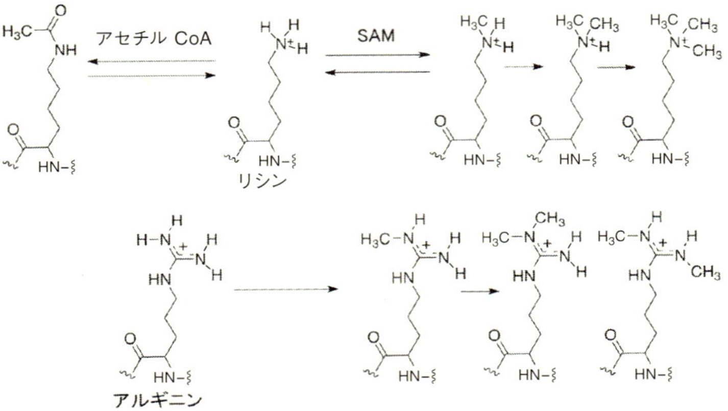

図 2.42　ヒストンのアセチル化とメチル化

に極端に栄養不足な環境におかれた個体は，成長してから肥満症や生活習慣病になりやすい傾向があることも知られており，エピジェネティックな違いがこれら病気の発症を左右していると考えられている．

このようなヒストンの多様な化学修飾と遺伝子発現の関係や疾病との関連が注目され，エピジェネティクス研究が進展するきっかけとなったのは，これらのヒストン化学修飾に関連する酵素に対するシャープな低分子阻害剤の発見である．1987年吉田 稔は白血病細胞に分化誘導を起こすトリコスタチンAという化合物を放線菌から単離し，この化合物がヒストン脱アセチル化酵素を強く阻害することを見出した．さらに後にトラポキシン，ロミデプシンなどの阻害剤が次々と見出され（図2.43），それらの優れた抗癌作用が注目を集め，細胞分化や細胞の癌化に関するエピジェネティクス研究が

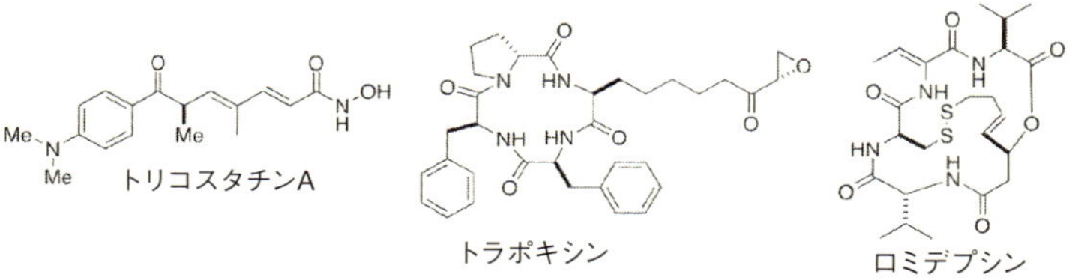

トリコスタチンA　トラポキシン　ロミデプシン

図 2.43 ヒストン脱アセチル化酵素阻害剤

活発に行われた．そして2009年，ロミデプシンは白血病の治療薬としてFDA（アメリカ食品医薬品局）により承認された．

また最近，ヒストン脱アセチル化酵素やヒストンメチル化酵素の阻害剤がiPS細胞の作製効率を上げる効果があるという報告もなされ，低分子化合物によるエピゲノムの制御が注目を集めている．20世紀の生物学研究は，遺伝子工学的手法を駆使することにより進展してきたといっても過言ではないが，DNAやタンパク質の化学修飾が鍵となるエピジェネティクス研究では，ケミカルバイオロジーによるアプローチが大きな役割を果たすものと期待される．エピゲノムの生物学的意義の理解やその制御のためには，エピゲノム解析のための新しい化学的方法論の開発や複雑な遺伝子発現制御を担う一つひとつの酵素に対する特異的な阻害剤の開発が求められる．

コラム5

ヒストンリシンメチル化酵素阻害剤

2000年に，ヒストンH3の9番目のリシン（H3K9）のメチル化反応を特異的に触媒する酵素としてSuv39h1が同定されて以来，これまでに50種以上ものヒトのヒストンメチル化酵素（histone lysine methyltransferase: HKMT）が同定されている．いずれのメチル化反応においても，SAM(**1**）がメチル源として用いられる．このため，初期のHKMT阻害剤開発研究では，メチルチオアデノシン(**2**）のような単純な誘導体に焦点が向けられた．しかしながら，本阻害剤はSAMを補酵素として用いる生体中の酵素反応を広く阻害することが問題となる．そこで近年では，リシン選択的なHMT阻害剤の開発を目指し，反応遷移状態を模倣するために，アミノ基を導入したシネフンジン(**3**)，Pr-SNF（**4**）およびDAAM-3(**5**）が開発されている（図1）[1–3].

ケトシン(**6**）はサブタイプ選択的HKMT阻害剤として最初に報告された真菌由来のマイコトキシンである［4]．この発見以降，グリオトキシン(**7**）な

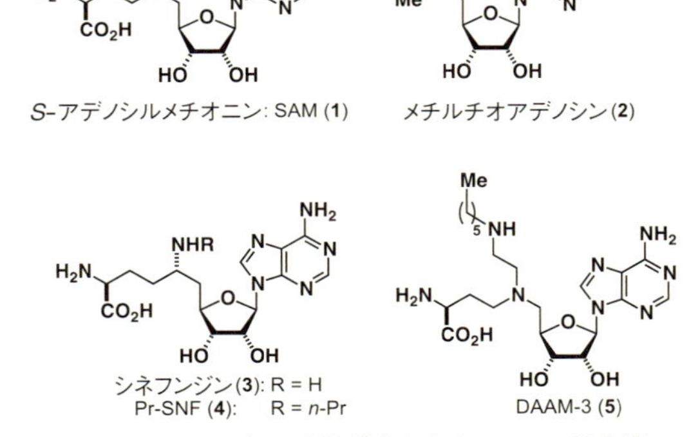

図1　SAMおよびその類縁構造を有するHKMT阻害剤

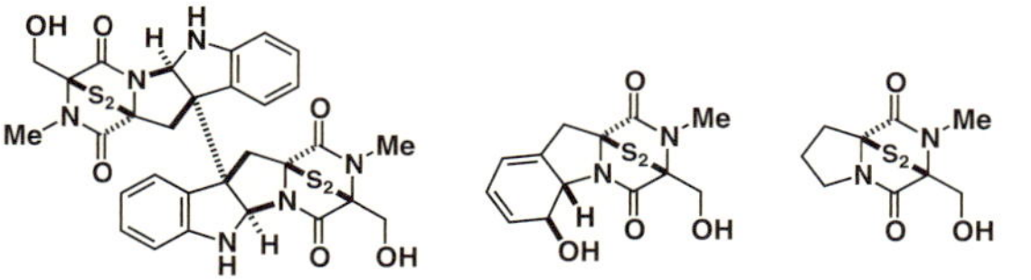

ケトシン (**6**)　グリオトキシン (**7**)　(±)-PS-ETP-1 (**8**)

図 2　ETP 構造を有する HKMT 阻害剤

ペプチド基質競合型阻害剤

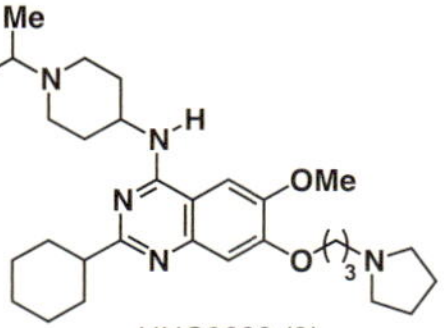

UNC0638 (**9**)

SAM 競合型阻害剤

BRD4770 (**10**)　EPZ005687 (**11**)

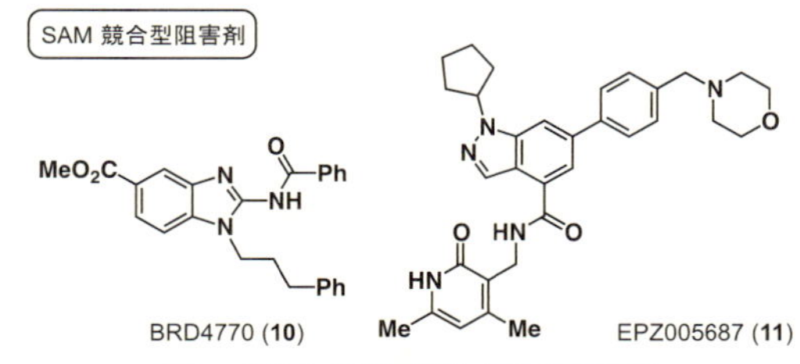

図 3　細胞に適用可能な HKMT 阻害剤

どのエピジチオジケトピペラジン（ETP）構造を有する天然物が同様の酵素群に阻害活性を有することも報告されている [5]．また，ケトシンの全合成を基盤とした系統的な誘導体合成研究により，ETP 上の硫黄官能基が HKMT 阻害活性に必須であることが明らかとされ [6]，さらには毒性が低減された（±)-

PS-ETP-1(**8**) も見出されている（図2）[7].

ハイスループットスクリーニング技術の進展に伴い，新しい基本骨格を有するHKMT阻害剤の報告例も増えている．HKMTとの共結晶解析より得られる構造情報を基盤に，より迅速な構造最適化が展開されるようになり，酵素選択性が飛躍的に向上した阻害剤も開発されている．なかでも，生細胞においても機能するHKMT阻害剤が報告され，とくに注目を集めている（図3）[8–10].

今後，ケミカルバイオロジーアプローチにより，複雑なエピゲノム制御系をひも解き，さらには遺伝子発現をピンポイントで制御する方法論へと展開するためには，より酵素特異性の優れたメチル化阻害剤の開発が鍵を握ると考えられる．

[1] Pugh, C. S. G., *et al*. (1978) *J. Biol. Chem*., **253**, 4075.
[2] Min, J., *et al*. (2012) *J. Am. Chem. Soc*., **134**, 18004.
[3] Mori, S., *et al*. (2010) *Bioorg. Med. Chem*., **18**, 8158.
[4] Greiner, D., *et al*. (2005) *Natl. Chem. Biol*., **1**, 143.
[5] Takahashi, T., *et al*. (2012)., *J. Antibiot*., **65**, 263.
[6] Iwasa, E., *et al*., (2010) *J. Am. Chem. Soc*., **312**, 4078.
[7] Fujishiro, S., *et al*., (2013) *Bioorg. Med. Chem. Lett*., **23**, 733.
[8] Arrowsmith, C. H., *et al*. (2011) *Natl. Chem. Biol*., **7**, 566.
[9] Yuan, Y., *et al*. (2012) *ACS Chem. Biol*., **7**, 1152.
[10] Kuntz, K. W. *et al.* (2012) *Natl. Chem. Biol.,* **8**, 890.

（理化学研究所袖岡有機合成化学研究室　五月女宜裕）

第3章

ケミカルバイオロジーの実践
－化合物が解き明かす生命現象－

前章までで，ケミカルバイオロジー研究に必要な基礎知識を学習できた．本章ではその知識をもとに，ケミカルバイオロジーの基本技術を具体的な例を挙げて学ぶ．

ケミカルバイオロジーにおいては，細胞内シグナル伝達を明らかにするためにさまざまなアプローチがとられる．しかしながら，どのアプローチにおいても目的は，「生物活性化合物および生体内ではたらく分子群のつながり」を明らかにすることである．そのために研究は“生物活性化合物”と“標的タンパク質”の相互作用を基盤にして，“標的タンパク質が作用する分子群”へと研究対象が移行していくケースが一般的である．化合物の標的タンパク質が未知の場合は，化合物を出発点にしてその標的タンパク質を明らかにし，その機能解析へと進む（フォーワードケミカルジェネティクス）．機能が未知のタンパク質を研究対象にする場合には，その特異的な阻害剤を見出すことでその機能解析へとつなげる（リバースケミカルジェネティクス）（2.7.3 項参照）．研究の発端となる“生物活性化合物”の発見や合成では，天然物化学，有機合成化学が研究の中心を担うが，これらに関しては多くの教科書があるのでそちらを参考にしていただき，本書では割愛する．しかしながら，ケミカルバイオロジーにおいてはスタートとなる生物活性化合物がその後の研究の成否を握っている．決して軽視することのないように注意を喚起したい．

3.1 アフィニティークロマトグラフィー

生化学の分野においてアフィニティークロマトグラフィーはタンパク質の精製に使われることが多いが，ケミカルバイオロジーでは低分子化合物の結合タンパク質の精製に使われる．最も代表的な例として，FK506とその結合タンパク質FKBPに関する研究を取り上げたい（図3.1）．

FK506は藤沢薬品（現在のアステラス製薬）が1984年につくば市の土壌から採取した放線菌より単離された天然物であり，免疫抑制薬として臨床で使われている薬剤である．ハーバード大学のSchreiberらはその作用機序を，結合タンパク質を捕まえることにより明らかにした．FK506は非常に複雑な構造を有しており，その化学合成だけでも多段階のステップが必要である．しかしながらSchreiberらは合成化学者としてその力を駆使し，全合成のみならず誘導体も合成することに成功した．そのうえで得られた知見をもとにしてFK506をビーズ上に固定したアフィニティービーズを作

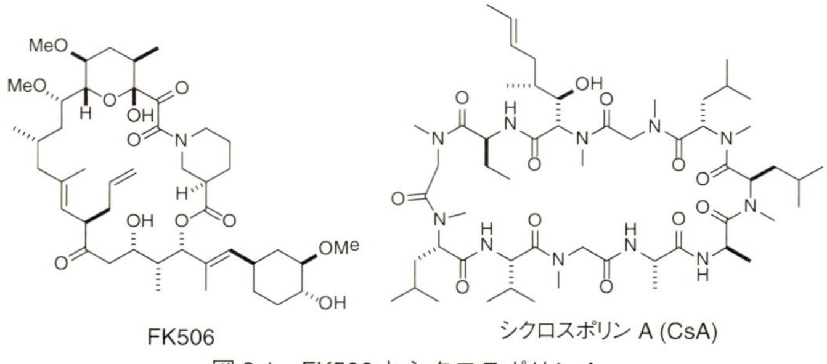

図3.1　FK506とシクロスポリンA

製した．彼らはこれを用いて，細胞内のタンパク質から，FK506 に特異的に結合するタンパク質（FK506 binding protein；FKBP）を精製した（図 3.2）．一方で，シクロスポリン A（図 3.1）という天然物は FK506 と同様に免疫抑制薬としての活性を有するにもかかわらず，その構造はまったく異なるものであった．そこで，このシクロスポリン A も同様にビーズ上に固定し，その結合タンパク質

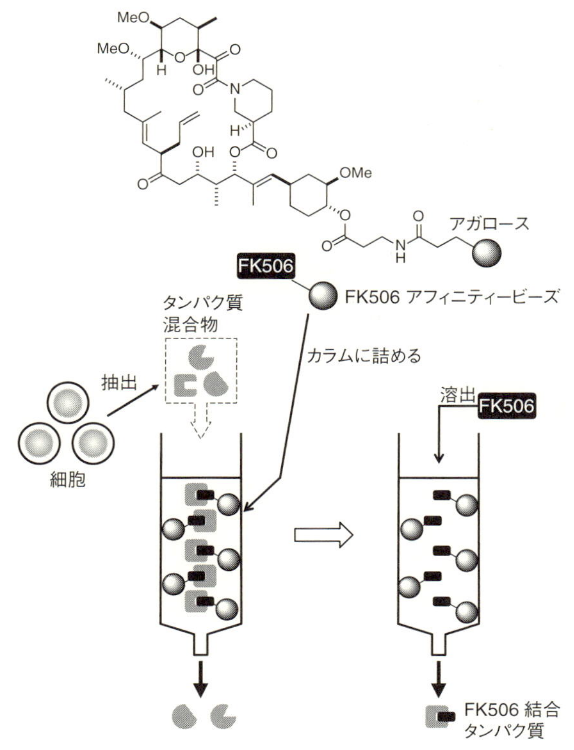

図 3.2　FK506 アフィニティービーズ

の精製も行った．その結果，FKBPとはまったく異なるタンパク質としてシクロフィリンというタンパク質が同定された．

この2つのタンパク質は構造が異なるものの，酵素活性として同じPPIase（peptidylprolyl cis-trans isomerase，ペプチジルプロリルシス-トランス異性化酵素）活性を有していた．PPIase活性とは，アミノ酸のなかで唯一シス形のペプチド結合をとることができるプロリンのシス/トランス異性化を触媒する活性である．シクロスポリンAもFK506もともに，このPPIase活性を阻害することがわかり，その阻害が作用機序と考えられた．しかしながら，FK506の誘導体である506BDは，FKBPに結合しPPIase活性を阻害するものの，免疫抑制効果を示さなかった（図3.3）．

そこで，今度はアフィニティービーズにFKBPを固定化し，こ

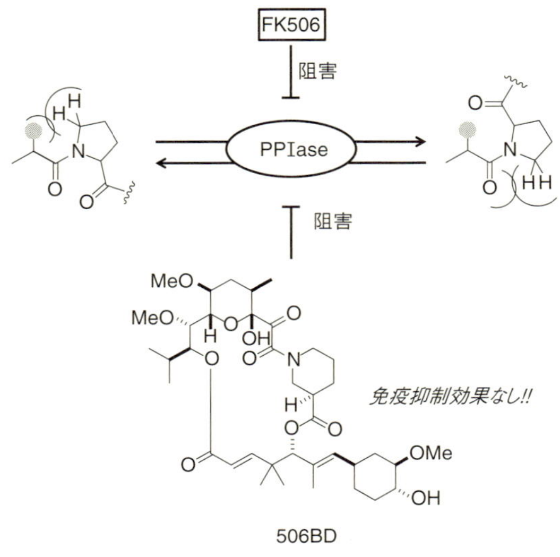

図3.3　PPIase活性と506BD

れに対してFK506とともに，細胞抽出液を加えた．その結果，FK506の存在下でのみ特異的に結合するタンパク質としてカルシニューリンが同定された．カルシニューリンはタンパク質脱リン酸化酵素のひとつであり，タンパク質のアミノ酸側鎖についたリン酸基を加水分解するはたらきをもつ．FK506とFKBPを同時にカルシニューリンに加えると，そのタンパク質脱リン酸化を阻害した．しかしながら，FK506またはFKBP単独ではいずれも阻害活性を示さなかった．このことから，FK506はFKBPと結合することでカルシニューリンを阻害できるようになると考えられた．のちにX

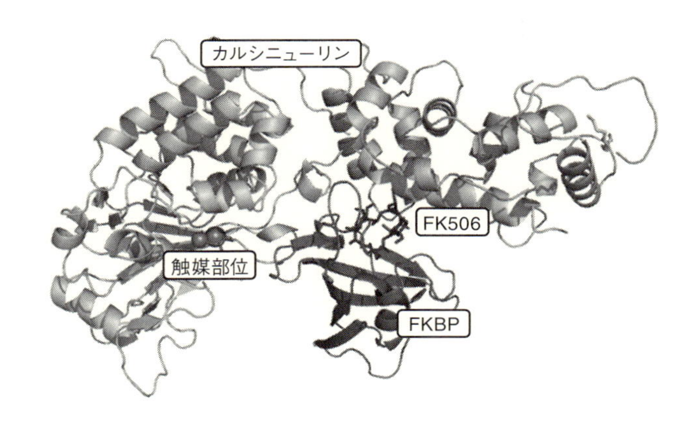

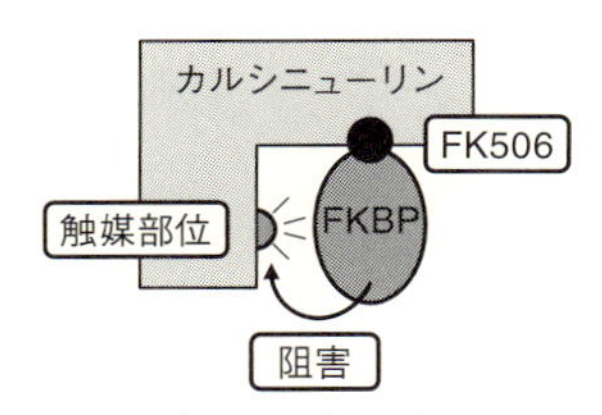

図3.4　FKBP/FK506/カルシニューリン複合体

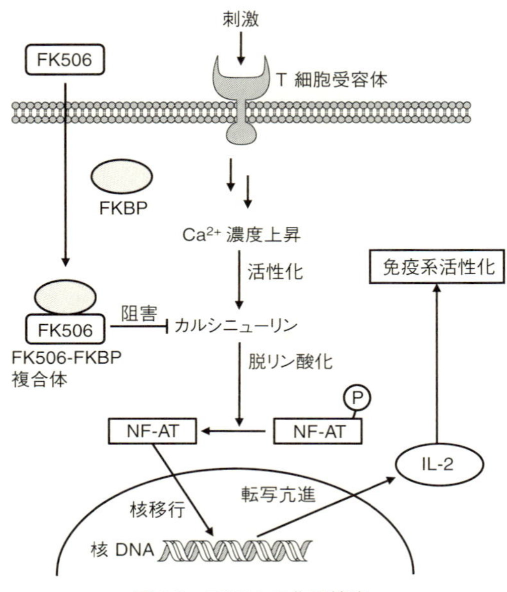

図 3.5　FK506 の作用機序

線構造解析により，FK506 が FKBP に結合した状態でカルシニューリンの触媒活性部位をブロックする構造が確認され，この仮説が検証された（図 3.4）．同様にシクロスポリン A もシクロフィリンと複合体を形成し，これがカルシニューリンを阻害することが明らかになっている．この研究を発端にして，カルシニューリンが NF-AT（nuclear factor of activated T cell，T 細胞活性化因子）とよばれる転写因子を介してインターロイキン-2（IL-2）というタンパク質の発現を亢進することで，免疫細胞の活性化を行うことがわかると同時に，FK 506 およびシクロスポリン A の作用機序が明らかとなった（図 3.5）．

本研究では，タンパク質–化合物およびタンパク質–タンパク質の相互作用を直接的に見ることができるアフィニティービーズを手にすることが鍵になったといえる．現在も生物活性化合物の結合タンパク質の精製・同定手法としてアフィニティービーズは頻繁に使われており，ケミカルバイオロジー研究において最も基本となる技術の一つといえる．

参考文献

［1］Harding, M. W., *et al*.（1989）*Nature*, **341**, 758–760.
［2］Schreiber, S. L.（1991）*Science*, **251**, 283–287.
［3］半田 宏，川口春馬（2003）『ナノアフィニティビーズのすべて』，中山書店．

3.2　フォトアフィニティーラベリング

生物活性化合物の結合タンパク質の同定に，アフィニティービーズと並んでよく使われる手法としてフォトアフィニティーラベリングがある．フォトアフィニティーラベリングとは光により励起，活性化され，近傍の分子と共有結合を形成する官能基（光標識官能基とよぶ）を対象とする化合物に組み込むことで，化合物と相互作用するタンパク質を光により標識する手法である（図3.6）．

3.2.1　光標識官能基

光標識官能基としては，いくつか例が知られているが最も良く使われるものとして，フェニルアジド，フェニルジアジリン，およびベンゾフェノンが知られている．以下，各官能基に関して解説する（表3.1）．

コラム6

siRNAを用いた遺伝子ノックダウンの原理

(1) 概　要

化合物の結合タンパク質をアフィニティーカラムにより見つけたのちは，そのタンパク質の機能を解析することにより化合物の真の標的であることを確かめる必要がある．細胞内におけるタンパク質の機能を解析するには，タンパク質の発現をノックアウトあるいはノックダウンする方法を用いることが多い．タンパク質をノックダウンする手法として，近年，RNA干渉（RNA interference; RNAi）の原理を利用した手法が開発され，簡便に細胞内の遺伝子を選択的に減少させることが可能である．

RNAiとは，細胞に導入された二本鎖RNA（double-strand RNA; dsRNA）が相同な塩基配列をもつmRNAを認識して切断することによって，細胞内の特定の遺伝子発現を抑制することをいう．このRNAiをひき起こす短い二本鎖のRNAをsiRNA（small interfering RNA）という．RNAiの基本的な機構は多くの生物種に保存されており，生体内におけるウイルスやトランスポゾンに対する防御機構のひとつとして機能しているといわれている．また，さまざまな真核生物にdsRNAを導入することによって，特定の遺伝子をノックダウンすることが可能であり，siRNAを用いた技術は特定のタンパク質の機能解析にとって強力なツールとなっている．培養細胞などに対してRNAiによる遺伝子のノックダウンを行う場合には，化学合成したsiRNAを導入する方法やsiRNA発現ベクターで形質転換する方法が広く用いられている．

(2) 原　理

細胞内に導入されたdsRNAは，RNaseⅢファミリーの一種であるDicerによって21～23 bpの大きさのsiRNAに分解される．分解されたsiRNAの特徴として，5' 末端にリン酸基を有し，3' 末端は2塩基突出末端となっている．siRNAは細胞内で数種類のタンパク質とRISC（RNA-induced silencing complex）を形成する．このRISCが相補的な標的mRNAを認識して切断する．Dicer，TRBP，Argo-

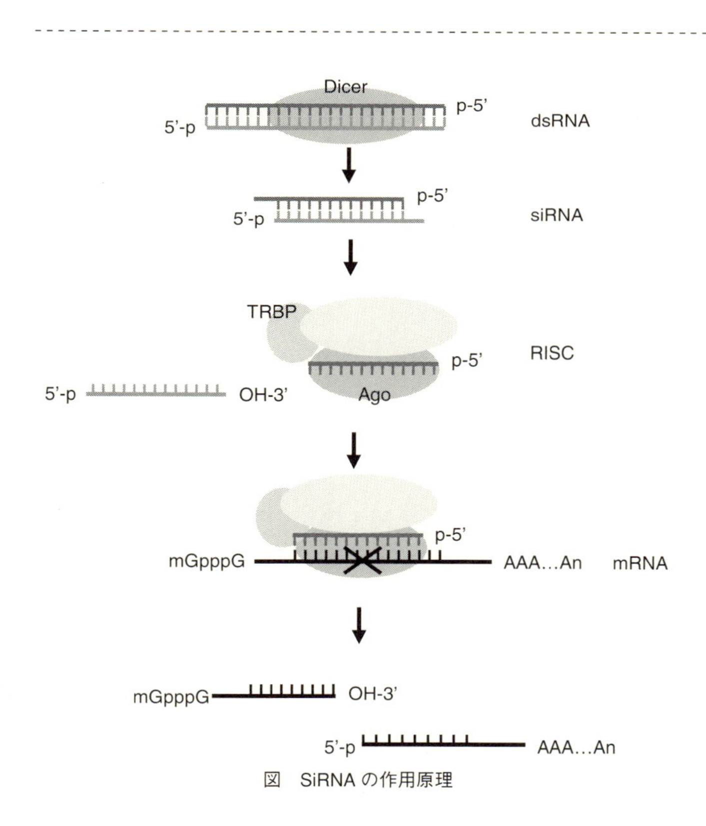

図 SiRNA の作用原理

naute（Ago），PACT などが RISC を形成するタンパク質として報告されている．

(3) 応 用

siRNA を用いることにより，さまざまな遺伝子の発現を抑制できることから，病気の治療に役立てることが可能である．siRNA は細胞内の内在性遺伝子のみならず，細胞に感染したウイルス由来のRNAを標的とすることも可能である．よって，HIV感染症，B型肝炎，C型肝炎などのウイルス感染症に対する治療に役立てることも期待できる．

［1］Mahmoodur, R., *et al*.（2008）*Biotechnol. Adv*., **26**, 202
［2］Kim, D. H., Rossi, J. J.（2007）*Natl. Rev. Genet*., **8**, 173

（日本医科大学大学院医学研究科　井内勝哉）

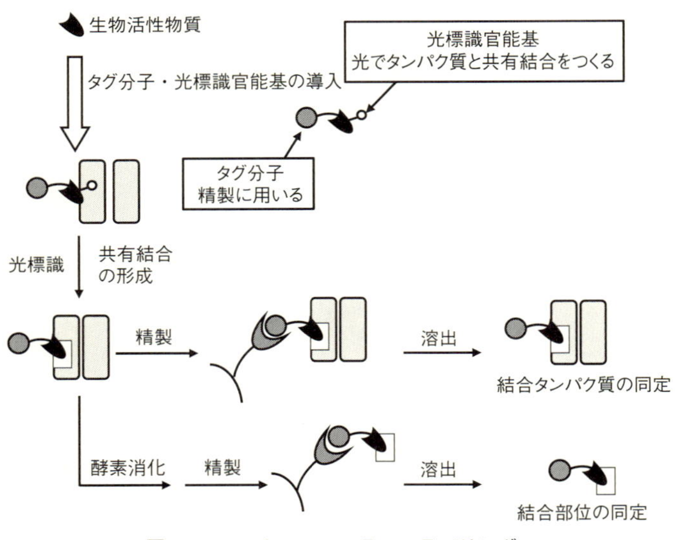

図3.6　フォトアフィニティーラベリング

表 3.1　各種光標識官能基の比較

	長　所	短　所
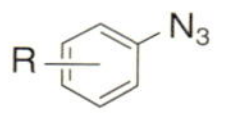 フェニルアジド	導入が簡単	短波長励起 ラベリング効率が低い
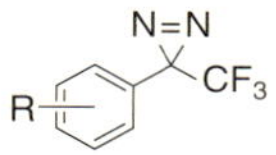 フェニルジアジリン	長波長励起 ラベリング効率が高い	比較的導入が難しい
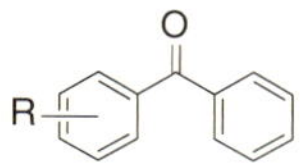 ベンゾフェノン	長波長励起 励起反応が可逆	大きな官能基のため活性を損なう可能性が高い

(1) フェニルアジド

比較的初期に開発された光標識官能基であり，光によりアジド部分が分解，脱窒素し，反応性の高いナイトレンが生成する．このナイトレンが環拡大ののちに溶媒または近傍のアミノ酸側鎖に求核攻撃される場合（path I）と，近傍のアミノ酸から水素ラジカルを引き抜いたのち，発生するラジカルと反応する場合（path II）の 2 つの経路を経て共有結合を形成する（図 3.7）．環拡大を経る場合には，水が付加するだけでタンパク質と反応しない確率が高くなり，その結合形成効率は低い．また，脱窒素に短波長の UV（紫外光，＜280 nm）を必要とするため，タンパク質もダメージを受けることから，実用性には乏しかった．しかしながら近年開発された 4 つのフッ素をもつテトラフルオロフェニルアジドは環拡大が起こりにくいため反応効率も高く，長波長の UV（350 nm）でも脱窒素が起こることから，用いられることが多くなっている．

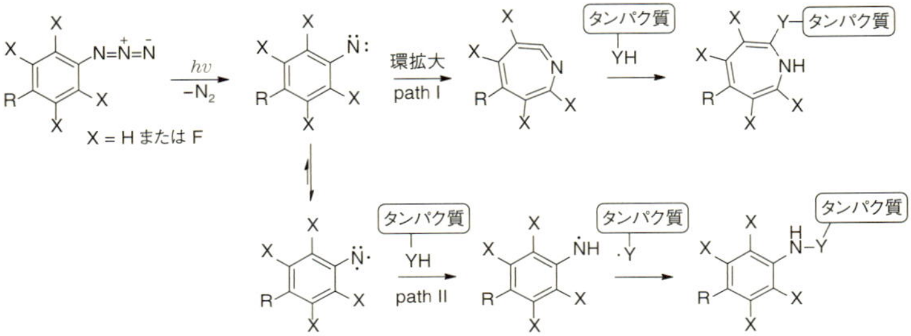

図 3.7　フェニルアジドの反応

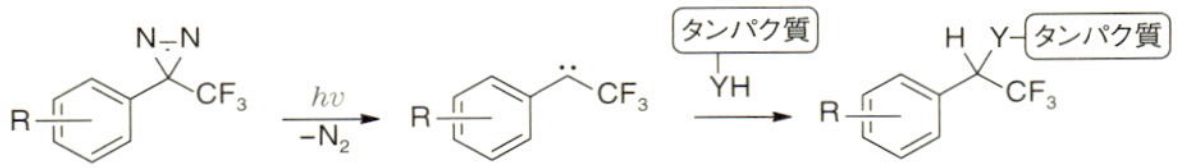

図 3.8　フェニルジアジリンの反応

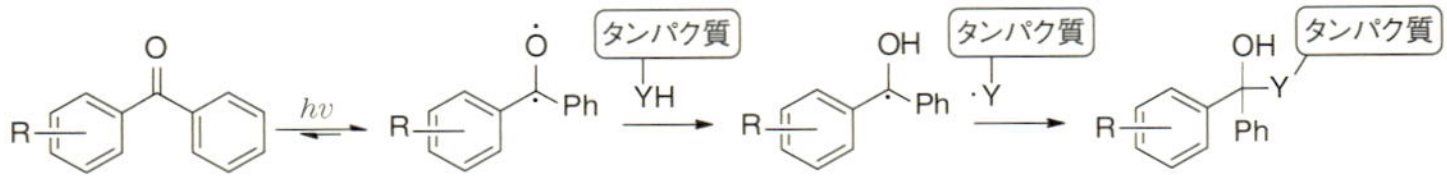

図 3.9　ベンゾフェノンの反応

(2) フェニルジアジリン

フェニルアジドがもつ欠点である短波長の UV が必要なこと，複数の反応経路があることを改善したものとして開発された．フェニルアジドと同様に光により脱窒素するが，環拡大といった副反応は起こらず，近傍のアミノ酸に対して挿入反応により共有結合を形成する（図 3.8）．長波長の UV（～365 nm）で励起可能であるため，タンパク質にダメージを与えることなく反応させることができる．カルベンは反応性が高く，さまざまなアミノ酸残基とも共有結合が形成できるため，非常に有用な官能基として使われている．

(3) ベンゾフェノン

ベンゾフェノンは長波長のUV（~350 nm）で励起され，ビラジカルを生じる．このビラジカルが近傍のアミノ酸残基から水素ラジカルを引き抜き，残った炭素ラジカルどうしで結合を形成する（図3.9）．ベンゾフェノンの特徴として，近傍に引き抜ける水素が存在しない場合，励起状態からもとの状態に戻る点が挙げられる．すなわち，上記の2つの光標識官能基はUVにより不可逆的に反応性の高い官能基になるため，タンパク質と反応できないものはすべて副反応により失われるが，ベンゾフェノンは反応しなかった場合はもとの構造へと戻ることができる．そのため，化合物にある程度の構造柔軟性があるケースでは，効率よくタンパク質を標識できる．

3.2.2 γ-セクレターゼのフォトアフィニティーラベリング

ここではフォトアフィニティーラベリングを用いた研究例を挙げる．アルツハイマー病は神経細胞の傷害に伴う知能や記憶力の低下，人格障害などを伴う認知症の一種であり，高齢化に伴いわが国でも社会問題となっている疾患である．その分子機構は盛んに研究されているが，いまだ不明なことが多い．病理学的には，脳の大脳皮質や海馬の委縮や大脳皮質に老人斑とよばれる病変部が見られる．老人斑はアミロイドβ（Aβ）とよばれるアミノ酸40~42個のポリペプチドが凝集して形成されることから，その形成を阻害することでアルツハイマー病の治療を目指すべく盛んに研究が行われた．その結果として，Aβは770個のアミノ酸からなる膜タンパク質であるアミロイドβ前駆体タンパク質（APP）が切断されることで生成することが明らかとなり，この切断を行うプロテアーゼとしてγ-セクレターゼが想定されていたが，その分子的実体は不明であった．

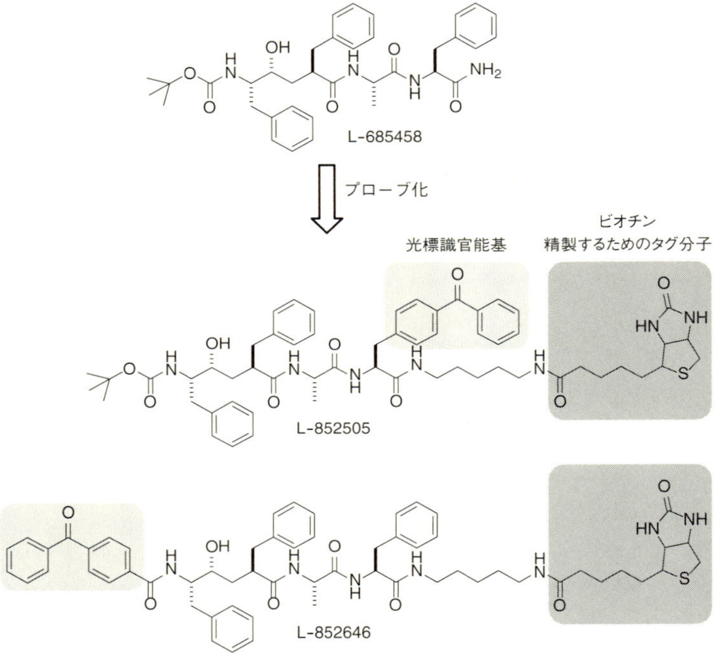

図 3.10　γ-セクレターゼ阻害剤とフォトアフィニティーラベリングプローブ

多くの製薬会社でAPPからのAβ生成を指標にして，γ-セクレターゼの阻害剤が広く探索され，メルク社の研究者たちはL-685458という化合物を強いγ-セクレターゼ阻害活性を有する化合物として開発した（図3.10）．さらに彼らは，この化合物をツールにすることで実体の不明なγ-セクレターゼを同定することを計画した．そのために，彼らはL-685458に光標識官能基と検出用のビオチンタグを導入した化合物L-852505およびL-852646を合成し

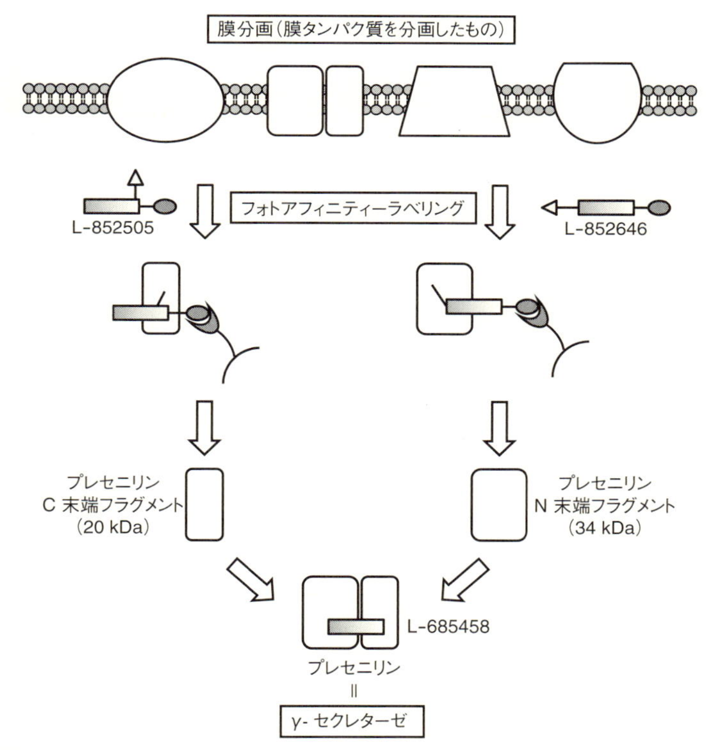

図 3.11　フォトアフィニティーラベリングプローブを用いたγ-セクレターゼの同定

た．そのうえで，この2つの化合物を使ってγ-セクレターゼ活性のある細胞の膜画分から結合タンパク質の標識実験を行った．光標識化後，結合タンパク質をアビジンビーズで精製したところ，L-852505からは20 kDaのタンパク質が，L-852646からは34 kDaのタンパク質が得られた（図3.11）．これらのタンパク質を解析したところ，いずれも家族性アルツハイマー病の原因遺伝子として同定されていたプレセニリン１に由来することがわかった．

プレセニリン１は８回の膜貫通領域をもつタンパク質で，６番目と７番目の間で切断を受けて，２つのサブユニットとなり，これがヘテロ二量体を形成して存在する．同じ母核をもつ阻害剤がこの２つのサブユニットをともにラベルすることから，プロテアーゼとしての触媒活性は２つのサブユニットの間にあることが明らかになった．本研究により実体不明だったプロテアーゼの正体と家族性アルツハイマー病との関連性がはっきりした．

本研究では，膜上に存在する複数のタンパク質により形成される複合体が標的分子であり，標的タンパク質と共有結合をつくるフォトアフィニティーラベリングでなければ同定が困難な対象と考えられる．

参考文献

[1] Fleming, S. A. (1995) *Tetrahedron*, **51**, 12479–12520.
[2] Dorman, G., Prestwich, G. D. (2000) *Trend. Biotechnol.*, **18**, 64–77.
[3] Li, Y. -M., *et al*. (2000) *Nature*, **405**, 689–694.

3.3　バイオイメージング

化合物が直接作用するタンパク質がわかったのちに，次に明らかにすべきことはそのタンパク質が生体内でどのようなはたらきをしているかである．そのためには，生体内に存在するさまざまな分子の動きをモニターし，それらに対する化合物の影響を調べる必要がある．第２章で述べたように生体内にはさまざまな分子が存在するが，細胞を壊すことなくそれらを見る手法が種々開発されている．古典的には放射性標識を用いて，目的とする分子の動きをモニターすることが多かったが，安全性や操作の簡便性から近年蛍光を用いた蛍光イメージング技術が進歩している．

蛍光イメージングでは特定の蛍光をもつ分子（蛍光団）に対して励起光を当て，そのエネルギーを蛍光団が吸収したうえでそのエネルギーを用いて発する光（蛍光）を測定する．さまざまな蛍光団が現在までに開発されており，励起光および蛍光の波長が蛍光団ごとに異なる（図 3.12）．蛍光団は大まかに UV で励起される青色蛍光（Blue, B），青色励起光で励起される緑色蛍光（Green, G），緑色励起光で励起される赤色蛍光（Red, R）の 3 色 RGB で分類され，この 3 色で染め分けることが最も多い．近年さまざまな色の蛍光団が開発され，この 3 色の中間色や励起波長と蛍光波長の間が広いものなどがつくられており，多重染色可能な種類が増えてきている．

ここでは蛍光色素を用いたカルシウムイメージングを取り上げ，蛍光色素の重要性を述べたい．Fura 2 は 1985 年に Tsien らにより開発された蛍光色素であり，その蛍光強度をもとにカルシウム濃度を定量することのできる試薬である．Tsien らが研究を始めた当時，カルシウムイオンは細胞内の情報伝達分子（細胞外の情報伝達分子から受け取った情報を細胞内で伝達するものとして，セカンドメッセンジャーとよばれる）として，生体内での役割が注目されていた．しかしながら細胞内でのカルシウムイオンの動きを解析することは困難で，その詳細は不明のままであった．Tsien は，カルシウムイオンをトラップする試薬として使われていた試薬EGTA（エチレンジアミン四酢酸）に着目し，これに蛍光特性を与えることで細胞内のカルシウム濃度を蛍光で検出することを考えた（図 3.13）．EGTA は 4 つのカルボキシ基と 2 つのエーテル酸素がカルシウムイオンに配位するかたちで，カルシウムをトラップする．この EGTA

コラム7

アフィニティーラベリングを用いたタンパク質修飾

アミノ酸残基に蛍光団や機能性分子を導入することで，タンパク質の可視化，機能解析や機能制御が可能となる．このようなタンパク質修飾には，システイン残基とマレイミド，リシン残基と活性エステルの組合せがよく使われる（図1）．とくにシステイン残基は，他のアミノ酸残基と比べて求核性が高く，また多くのタンパク質の表面で適度な数（1つか2つ）が存在することから，頻繁に利用される．対象タンパク質に求核性アミノ酸が存在しない場合は，構造や活性が変化しない位置にシステインを遺伝子レベルで変異導入し，それに対して化学修飾を施すという方法もとられる．この方法は，特定部位に機能性分子を導入したいときに有効である．

以上は，精製された単一のタンパク質を修飾する例であった．一方で，多くのタンパク質が存在する細胞溶解液中あるいは細胞内で，特定のタンパク質だけを選択的に化学修飾する試みもある（図2）．このような試みは，アフィニティーラベリングの原理に基づいており，実際にはリガンド（往々にして生物活性化合物）が相互作用する結合タンパク質だけを化学修飾するというものである．ここで用いる反応基は，マレイミドや活性エステルのような反応性が高

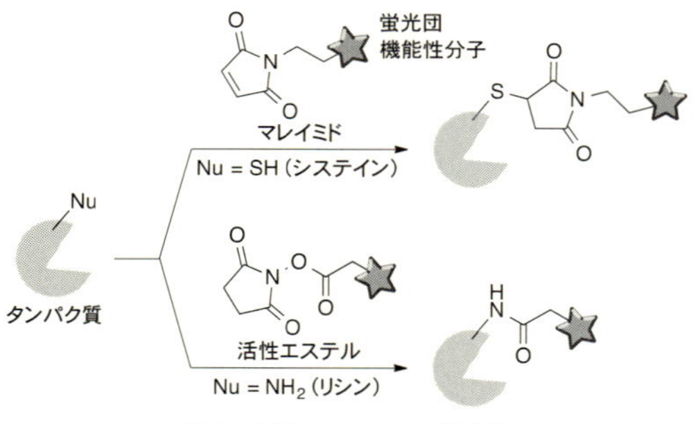

図1　従来のタンパク質修飾

いものではなく，“リガンドと結合タンパク質の相互作用（これによって反応基と求核性アミノ酸残基の間に近接・濃縮効果が生まれる）”という駆動力があってはじめて反応するような官能基である．

これまでに種々の反応基が検討され，ハロメチルケトンやアクリルアミドが良好な結果を与えている．それ以外に，Sames らはエポキシドがアフィニティーラベリングに適した反応性をもつことを報告している [1]．さらに近年，浜地らはフェニルスルホン酸エステルやアシルイミダゾールを用いて，結

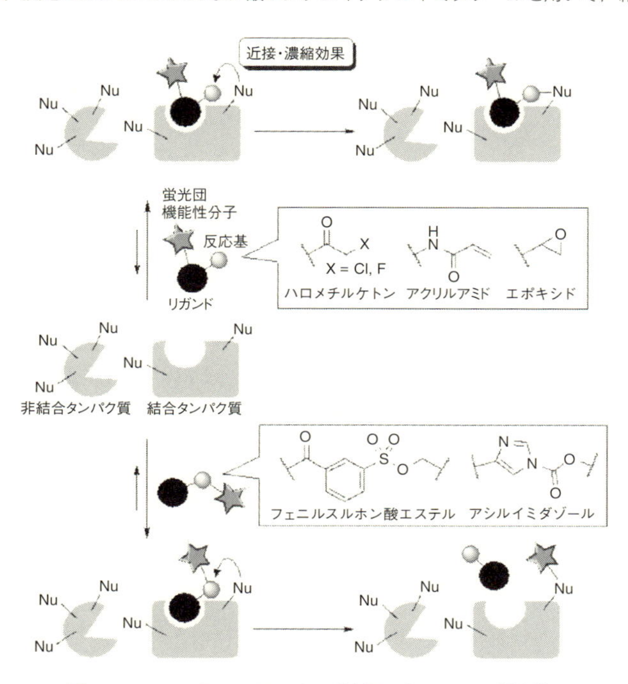

図2　アフィニティーラベリングを用いたタンパク質修飾

合タンパク質の選択的化学修飾に成功している [2,3]．浜地らの手法では，修飾反応と同時に不要なリガンドが放出されるため，結合タンパク質の機能解析には最適といえる．また，すでに細胞内や生体内で対象タンパク質の選択的な修飾が達成されており，今後の展開が楽しみである．

[1] Chen, G., *et al.* (2003) *J. Am. Chem. Soc.*, **215**, 8130.
[2] Hayashi, T., Hamachi, I. (2012) *Acc. Chem. Res.*, **45**, 1460.
[3] Takaoka, Y., *et al.* (2013) *Angew. Chem. Intl. Ed.*, **52**, 4088.

（東京大学分子細胞生物学研究所　山口卓男）

に芳香環をハイブリッドした化合物 BAPTA（1,2−ビス(*o*−アミノフェノキシド) エタン−*N*, *N*, *N'*, *N'*−四酢酸) は，カルシウムイオンに配位するとアミノ基の非共有電子対が芳香環に共役しなくなるため，芳香環の吸光特性が大きく変化した．この原理を利用して，彼らは蛍光分子 Quin 2 を得ることに成功した．

Quin 2 はカルシウムイオンに結合したときにだけ励起波長 339 nm で蛍光波長 510 nm の蛍光を出し，マグネシウムイオンには結合能が弱くカルシウムイオンに選択性を示す．この特性は当初計画していた細胞内でのカルシウムイオン濃度を測定するのに有効である．そこで彼らは Quin 2 や BAPTA を細胞内に導入することを計画した．しかしながら，いずれの分子も分子内に負電荷を有するカルボキシ基を 4 つももっており，これが細胞膜の通過を阻害してそのままでは細胞内に導入することができなかった．これに対し Tsien らはアセトキシメチルエステルという官能基でカルボキシ基を保護し中性化して，細胞内に導入することを計画した．この官能基は，広く細胞内に存在するアセチルエステラーゼという酵素で容

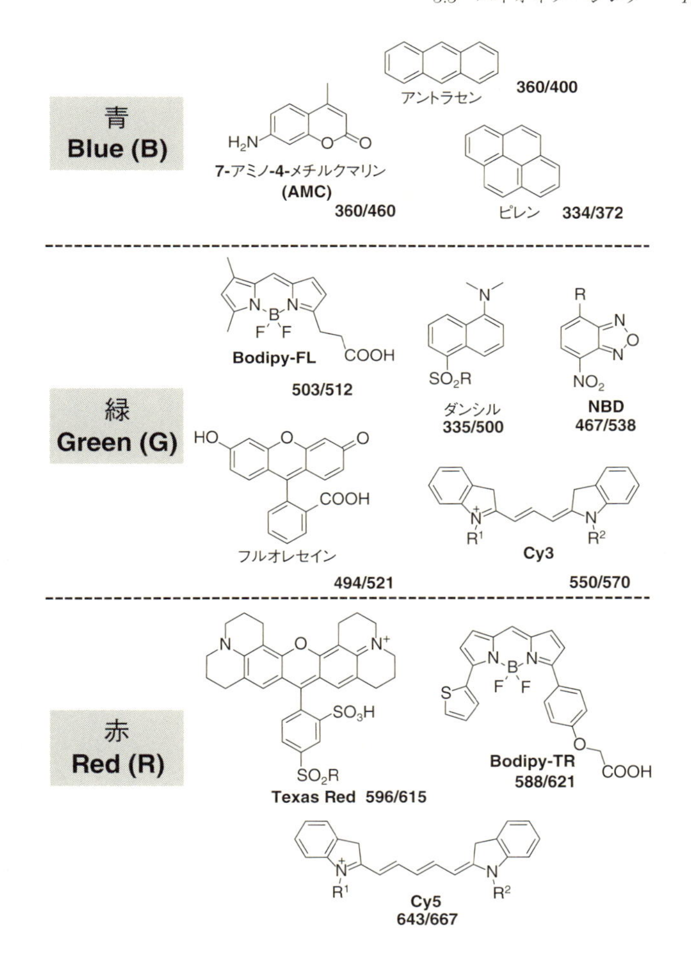

図 3.12 さまざまな蛍光団

数字は励起波長（nm）/蛍光波長（nm）.

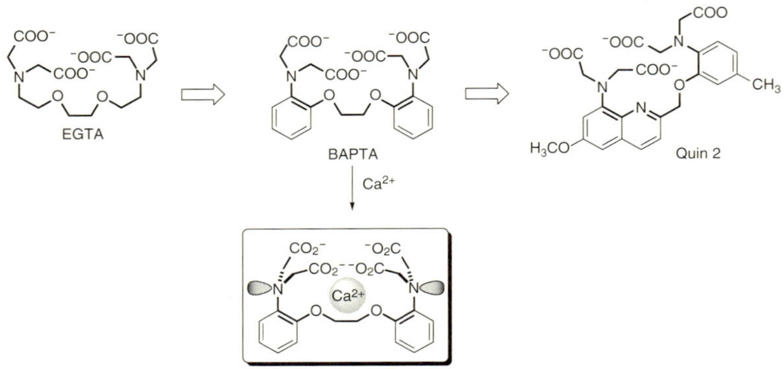

図 3.13　EGTA から Quin 2 への構造展開

易に加水分解を受け，細胞内でカルボキシ基へと変換される．一度細胞内でアセトキシメチルエステルが加水分解された分子は，カルボキシ基が細胞膜通過を阻害するため細胞内にとどまり，細胞外には拡散しない．このような巧妙なしくみを利用して，Tsien らは蛍光分子を細胞内に取り込ませることに成功した（図 3.14）．

以上のように Tsien らは細胞内のカルシウムイオンを見るため蛍光分子とその細胞内への導入法の開発に成功し，その実用へと乗り出した．しかしながら，研究とはなかなか思うようにはいかないものである．Quin 2 は試験管レベルでのカルシウム検出においては十分な蛍光特性とカルシウムイオン選択性を有していたが，細胞に用いる際には次のようないくつもの問題点が浮上した．

(1) 励起波長として 339 nm が使われるが，この波長では細胞内に存在する内在性の分子（NADH，ATP，DNA など）が励起されることになり，高いバックグラウンドや細胞へのダメージにつながる．

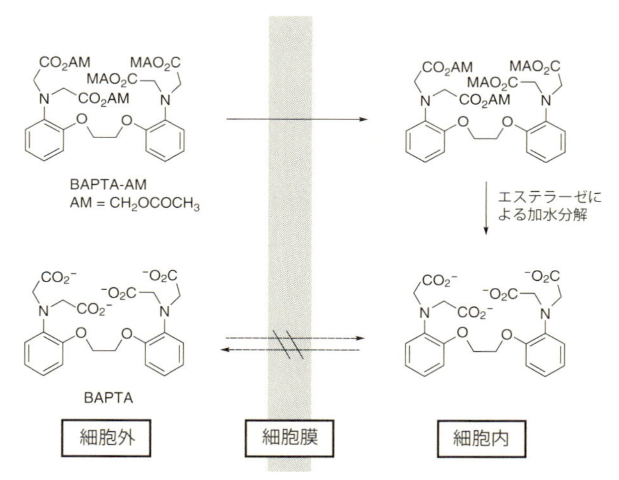

図 3.14 アセトキシメチルエステル化による細胞内への取込み促進

(2) 細胞内のカルシウムイオンを検出するためには Quin 2 の蛍光強度は不十分で，大量のプローブ分子を細胞内に導入しなければならなかった．大量に導入したプローブ分子はカルシウムイオンをトラップするため，カルシウムイオンが本来示す生命現象が阻害されてしまう．

(3) カルシウムイオンにより蛍光強度の増大がみられるが，励起波長/蛍光波長そのものはまったく変わらない．そのため，蛍光強度の増加だけではカルシウムイオン濃度が上昇したのか，プローブ分子が集積しただけなのか区別がつかない．

(4) Quin 2 はカルシウムイオンに対して高い親和性をもつため，低濃度のカルシウムイオンを検出するには適しているが，高濃度のカルシウムイオンを検出するのは難しい（シグナルが飽和してしまう）．刺激に応じた細胞内のカルシウムイオン濃度上昇

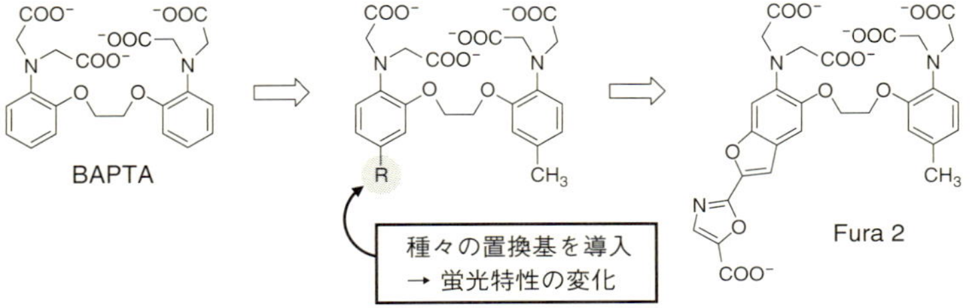

図 3.15　Fura 2 への構造展開

を検出するには，もう少し親和性の低いものが適していた．

(5) Quin 2 は BAPTA に比べるとマグネシウムイオンや他の重金属イオンとの結合能があるため，その影響が無視できなかった．

BAPTA は Quin 2 の前に開発された分子だが，そのイオン選択性や結合親和性に関しては Quin 2 を上回る特性を有していた．そこで，Tsien は BAPTA の骨格をベースにしてこれに蛍光特性を与えることで，これらの問題点の克服を目指した．多くの誘導体を合成しその特性を調べた結果，最終的に理想的な特性をもつ分子として Fura 2 が得られた（図 3.15）．

Fura 2 は Quin 2 に比べてじつに 30 倍もの蛍光強度を示した．これがのちにカルシウムシグナル研究において大きなブレークスルーを生みえた大きな特徴である．また Fura 2 はカルシウムイオンと結合することで励起波長が 340 nm から 380 nm まで大きくシフトした．このことが，レシオイメージングを可能とした．レシオイメージングとは，2 つの異なる波長で励起ないしは検出されたシグナル比を用いることで，2 つの状態（この場合はカルシウムイオン結合型と遊離型）の存在比を計測する手法である．本手法の大きな利点として，蛍光分子の局在や蛍光分子周囲の環境などの影響を受けない点が挙げられる．蛍光分子として大きな物性の変化が起こらない場合には，周囲の環境（イオン強度，膜などの疎水場）は2種類の蛍光分子に等しく影響を及ぼすので，蛍光シグナル比をとることでその影響がキャンセルされる．また，蛍光分子が細胞内の特定の場所に集積する場合にも，比をとることでプローブ分子の濃度の影響を相殺することができる．蛍光分子は長い電子共役系をもつものが多く，一般的に疎水性が高いため膜などの疎水場に集まる傾向が強く，また疎水場で蛍光強度の増大がみられることから，本来の蛍光強度を正確に見積もることができない．レシオイメージングはこの2つの問題を同時に解決する画期的な手法となった．

Fura 2の開発を契機として，後のカルシウムイメージングの研究は爆発的に進歩し，カルシウムイオンの生理的な役割も多くがこの試薬により解明された．Tsienは蛍光分子の開発からその応用における工夫まで，化学の知識を十二分に活用してまったく新しい分野を切り開き，生物学に大きな進歩をもたらした．まさにケミカルバイオロジーの走りといえよう．のちにTsienは緑色蛍光タンパク質（GFP）に関する研究で下村，Chalfieらと2008年ノーベル化学賞を受賞した．

蛍光イメージングに関しては最近長波長の蛍光も検出可能となり，長波長（近赤外）の蛍光分子を用いたイメージングも開発されている．近赤外蛍光の利点として生体成分の自家蛍光にかぶったり，吸収されたりしないため，動物個体でも使用可能な点が挙げられる．近年，動物個体を用いたイメージングも盛んに研究対象とされており，検出感度の高さからMRI（Magnetic Resonance Imaging）やPET（Positron Emission Tomography）を用いた他のイメージングも開発されている．

参考文献

[1] Tsien, R. Y.（1980）*Biochemistry*, **19**, 2396–2404.
[2] Tsien, R. Y.（1981）*Nature*, **290**, 527–528.
[3] Tsien, R. Y., *et al*.（1982）*J. Cell Biol*., **94**, 325–334.
[4] Grynkiewicz, G., *et al*.（1985）*J. Biol. Chem*., **260**, 3440–3450.

3.4　クリックケミストリー

生物活性化合物の作用機序を解明する際には，化合物に化学修飾を施してプローブ化する必要がある．化学修飾の方法としては，結合タンパク質を精製するためにタグとしてはたらくビオチンや蛍光で検出するために蛍光団を導入するのが最も一般的だが，これらの修飾分子はその大きさのために化合物の活性を損なう場合が多い．もともと高い活性を有する場合には，蛍光団やビオチンの導入により活性が100倍程度落ちたとしても，その作用機序解明にまで至るケースがみられる．しかしながら実際にはそのようなケースはまれであり，化合物をプローブ化する際に活性を損なわない手法が求められていた．本節ではこれに答える化学として“クリックケミストリー”を紹介する（図3.16）．

クリックケミストリーの概念はスクリプス研究所のK. B. Sharplessにより提唱されたものであり，シートベルトが“カチッ(click)”と音を立てて締まることになぞらえて，2つの分子を簡単

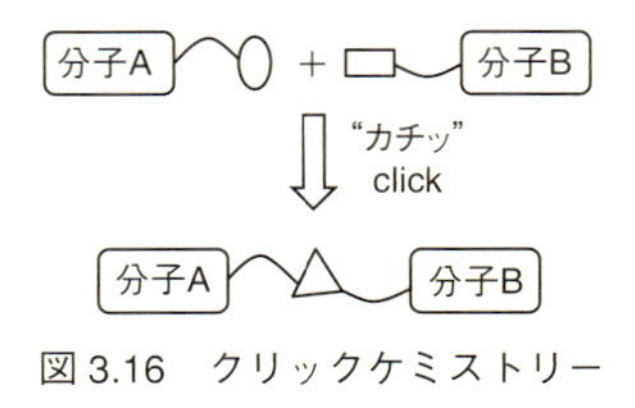

図3.16　クリックケミストリー

につなげる反応により駆動される化学をさす．クリックケミストリーで用いられる反応（クリック反応）の特徴としては以下の点が挙げられる．

(1)　炭素–ヘテロ原子の結合生成反応
(2)　汎用性の高さ（低い基質選択性）
(3)　高収率，高選択性（単一の生成物）
(4)　水や酸素があっても反応が妨げられることがない（生体内で使用可能，bioorthogonal）

これらの要件を満たす反応として，シュタウジンガーライゲーション（連結反応）とヒュスゲン環化の2つの反応がケミカルバイオロジーには最もよく使われている．それぞれの反応に関して例を示しながら説明する．

3.4.1　シュタウジンガーライゲーション

シュタウジンガーライゲーション（Staudinger ligation）は1919年に報告されたアジドを PPh_3 で還元してアミンへと変換する反応（シュタウジンガー反応）を利用して，2つの分子を結合させる反応である（図3.17）．アジドに対してホスフィンとこれに隣接するエステルを有する化合物を作用させるとアザイリドが生成し，これがエステルと反応して安定なアミド結合が形成される．この反応は水中できわめて速やかに進行し，アジドを有する化合物を選択的に修飾することから，アジドにさまざまな官能基を導入可能となる．このことを利用して，C. R. Bertozziらは細胞表面にある糖鎖を標識することに成功している（図3.18）．

糖鎖は細胞表面のタンパク質に付加して，細胞の目印として表面に露出することで細胞間の認識や情報伝達において重要な役割を果たしている．この糖鎖に対して人工的な標識を付加することができるなら，これを足掛かりとして特定の細胞表面に特定の分子を選択的に結合させる手法へとつながる可能性がある．このような応用を志向して，Bertozzi らは人工的に標識を施した糖が，細胞内で通常の糖と同様に代謝されて糖鎖へと取り込まれる系を設計した．シアル酸は糖鎖末端によく導入されている糖であり，その前駆体として *N*-アセチルマンノサミンが知られている．このマンノサミンの *N*-アシル基にさまざまな長さのアシル基を導入しても代謝には影響せ

コラム8

蛍光プローブの精密設計による ON/OFF 制御とその応用

低分子蛍光プローブを用いたバイオイメージングは生細胞，生体内の生理現象や病態の解析などにきわめて有用な手法である．蛍光プローブとしては，観測対象とする細胞内環境，シグナル伝達物質，発現酵素と反応する際に蛍光特性が変化する分子が望ましいとされている．なかでも蛍光が OFF から ON にスイッチするプローブ分子は，バックグラウンドシグナルを最小限に抑え，高感度かつ，リアルタイムな観測を可能にする．本コラムでは蛍光特性の ON/OFF 制御を可能とする設計原理を概説し，近年の応用例，とくに *in vivo* イメージングを可能としたものを挙げて紹介する．

(1) PeT（photoinduced electron transfer，光誘起電子移動）に基づく蛍光プローブ設計

本手法では蛍光プローブの分子構造を，観測対象シグナルを感知する部位（センサー）と蛍光団部位（フルオロホア）の 2 つに分けて考える．蛍光プローブの蛍光機能は光により励起されたフルオロホアの LUMO（lowest unoccupied molecular orbital，最低空軌道）の電子が HOMO（highest occupied molecular orbital，最高被占軌道）に戻る際に蛍光を発することに由来するが（図 1(a)），PeT ではセンサーがフルオロホアの LUMO から HOMO への電子移動

ず，導入したアシル基がシアル酸の*N*-アシル基として使われることがわかっていた．Bertozzi らはこの点に着目し，マンノサミンの*N*-アシル基上に標識となるような官能基を導入すれば，細胞表面にこの官能基が提示されるのではないかと考えた．実際アジドを導入したマンノサミン誘導体を細胞に与えたのちに，シュタウジンガーライゲーションを行うことでビオチンが速やか（1 時間程度）に細胞表面に導入されることを示した．このことは本反応がさまざ

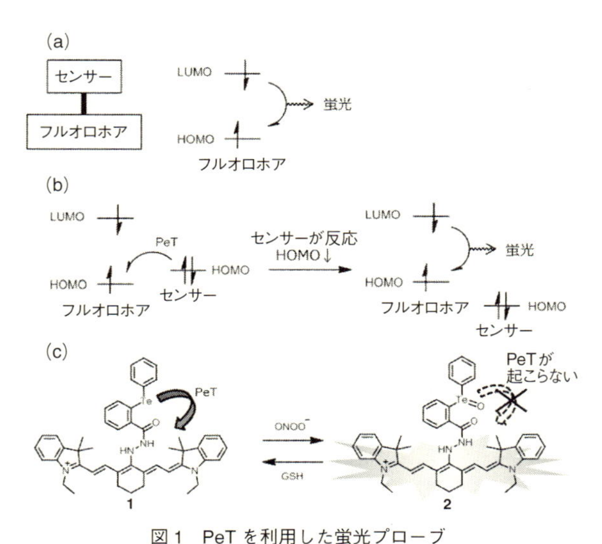

図 1　PeT を利用した蛍光プローブ
(a)，(b) 構造と蛍光の機構，(c) 近年の具体例：可逆的な $ONOO^-$ 近赤外蛍光プローブ．

に干渉し，蛍光を阻害する．その様式としては，センサーがフルオロホア-LUMO からの電子の受容体になり干渉する場合とフルオロホア-HOMO への電子供与体として干渉する場合の 2 通りが存在する（図 1(b)）．後者の様式は PeT を利用したプローブ設計に多く用いられており，電子豊富なセンサーが観測標的と反応し，電子密度，HOMO のレベルが下がることで PeT が解除され蛍光が ON になる［1］．

最近 Han らは可逆的な蛍光 ON/OFF スイッチが可能な近赤外の蛍光プローブを報告している（図 1(c)）．蛍光プローブ **1** は酸化ストレスの一種であるペルオキシナイトレート（$ONOO^-$）と選択的に反応し，ジフェニルテルル（Te）が酸化される．これによって，PeT が解消され蛍光が ON になるが，細胞内のメジャーな還元剤である GSH によりふたたびジフェニルテルルへと還元されるため，還元的な条件では PeT による消光機構が復活するといった可逆性を示す．生細胞は活性酸素と抗酸化機構の微妙なバランスのうえに成り立っており，細胞内酸化還元状態を可逆的に感知できるプローブは，リアルタイムな生体反応の観測という点で価値が高い．また，近赤外領域（650～900 nm）の光波長は生体の透過率が高く，近赤外領域の蛍光特性をもつプローブ **1** は非侵襲的な *in vivo* イメージングへの応用を可能にしている［2］．

(2) スピロ環化平衡に基づく蛍光プローブ設計

PeT とは異なる手法として分子内スピロ環化平衡を利用した蛍光の ON/OFF 制御が近年着目されている．たとえば，長野，浦野らによって見出された **3** は pH 依存性のスピロ環の開環/閉環平衡によって蛍光の ON/OFF が変化するプローブである．これは分子内の求核性部位（OH）がテトラメチルローダミンのキサンテン構造の電子欠損部位に攻撃して，分子内スピロ環を形成した閉環型 **3** と解離した開環型 **4** の平衡状態にある．塩基性条件で優先する **3** はキサンテン部位の共役系が分断されているため，蛍光性を示さないが，酸性条件では **4** になり蛍光性を示す（図 2(a)）．また，浦野らにより開発されたプローブ **5** は癌細胞表面に高発現する γ-グルタミルトランスフェラーゼ（GGT）を観測対象としたもので，GGT により認識，切断される．アシル型の **5** は生理的 pH では閉環型をとるが，切断後のアミン型の **6** は開環型が優先し蛍光を示す．このプローブは癌細胞表面の GGT により蛍光が ON になり，癌細胞に蓄積するため，外科手術時の微小癌の検出への応用が研究されている（図 2 (b)）[3]．また，最近では近赤外蛍光の ON/OFF をスピロ環化平衡によりコントロールするプローブも開発されている [4]．

近年の蛍光プローブの応用は目覚ましく，従来の培養細胞レベルの観測から生きたままの個体レベルでの蛍光イメージングまで可能になる例が報告されている．

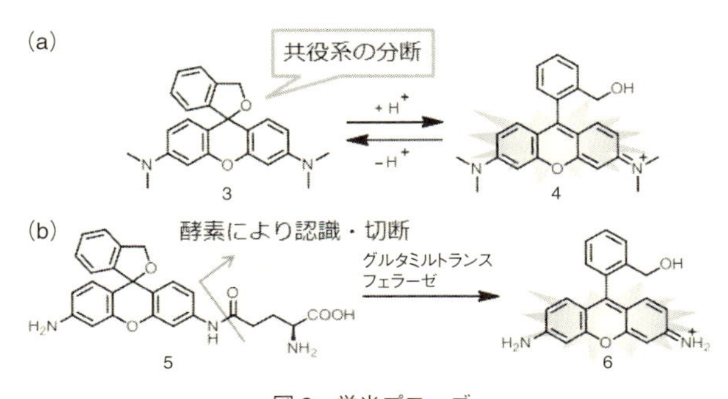

図 2　蛍光プローブ
(a) pH 応答性スピロ環化平衡に，(b) GGT 活性検出に基づく．

[1] Nagano, T. (2010) *Proc. Jpn. Acad., Ser. B,* **86**, 837.
[2] Yu, F., *et al.*, (2013) *J. Am. Chem. Soc.*, **135**, 7674.
[3] 神谷真子，浦野泰照 (2012) 実験医学，**30**(7), 117.
[4] Yuan, L., *et al.,* (2012) *J. Am. Chem. Soc.,* **134**, 1200.

（東京工業大学化学生命科学研究所　佐藤伸一）

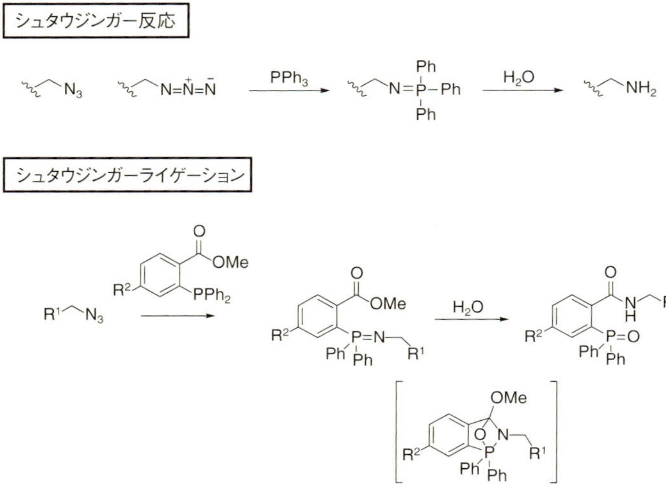

シュタウジンガー反応

シュタウジンガーライゲーション

図 3.17　シュタウジンガー反応とライゲーション

まな共雑物が存在する細胞培養液内でも阻害されることなく，選択的に反応することを示しており，まさにクリックケミストリーでなければ達成できない反応であるといえる．

3.4.2　ヒュスゲン環化

ヒュスゲン（Huisgen）環化は 1967 年に報告された反応であるが，のちに改良が加えられクリックケミストリーとして最もよく使われる反応のひとつとなっている（図 3.19）．ヒュスゲン環化はもともとアジドとアルキンがトリアゾールに変換される反応であり，水中でも行えることから着目された．しかしながら，オリジナルの反応は，水中で行うには（1）反応が遅いことと，（2）位置異性体が生じることの 2 つが問題点としてあった．そこで Sharpless らは

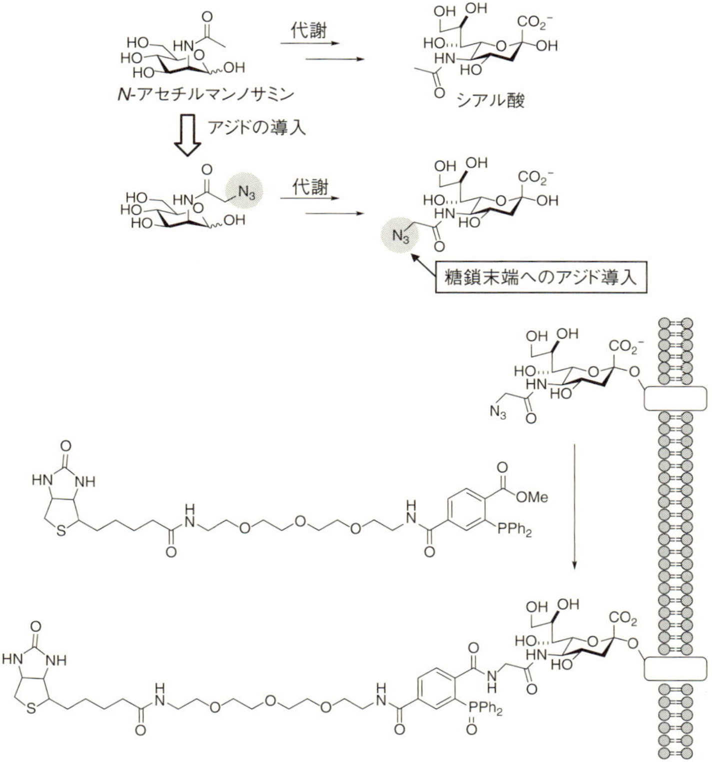

図 3.18　シュタウジンガーライゲーションによる細胞表面糖鎖の修飾

Cu(I) 触媒存在下で行う条件を種々検討し，位置選択的かつ迅速に環化が起きる銅触媒アルキン–アジド環付加（Cu-catalyzed alkyne-azide cycloaddition；CuAAC）反応を開発した．その反応機構としては，当初アルキン末端に銅触媒が付加することでアルキンを活性化すると同時に配向性を与え，さらにアジドが銅触媒に配位

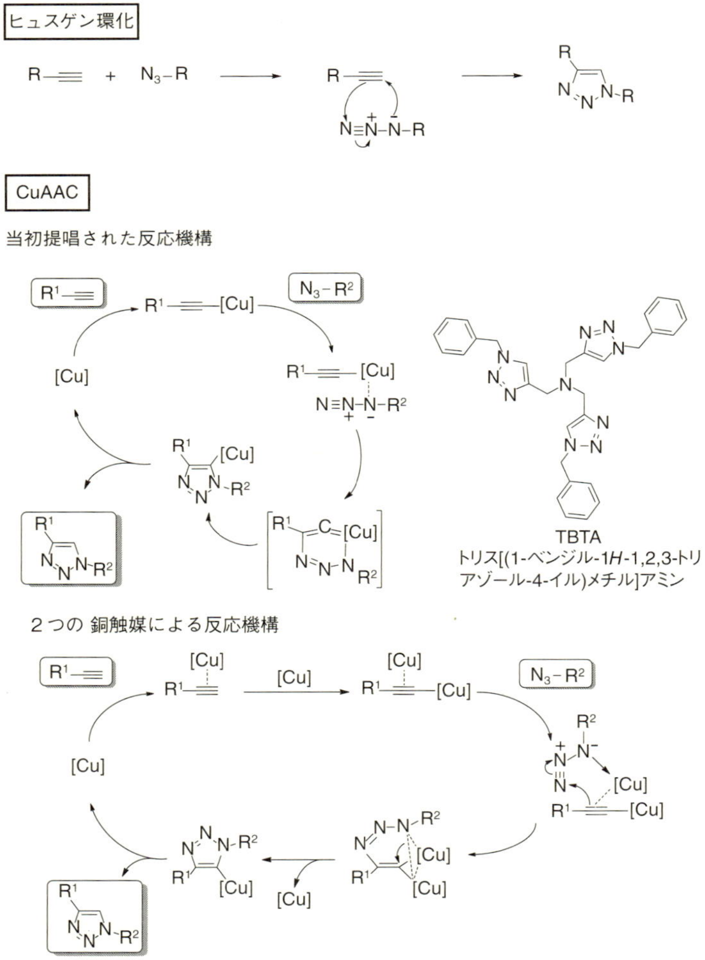

ヒュスゲン環化

CuAAC

当初提唱された反応機構

TBTA
トリス[(1-ベンジル-1*H*-1,2,3-トリアゾール-4-イル)メチル]アミン

2つの 銅触媒による反応機構

図 3.19　ヒュスゲン環化と CuAAC 反応

することで位置選択性を出す機構が提唱された．しかしながら最近 V. V. Fokin らにより詳細な解析が行われ，現在は 2 つの銅触媒で活性化される反応機構が有力となっている．また，本反応では銅触媒の配位子も種々検討されており，TBTA(トリス[(1-ベンジル-1*H*-1,2,3-トリアゾール-4-イル)メチル]アミン）などが一般的に使われている．この条件では銅触媒が反応を 100 万倍も加速することができ，これによりヒュスゲン環化はクリックケミストリーとして実用的な反応となった．

しかしながら，シュタウジンガーライゲーションのように生細胞へ応用する場合には，銅触媒が毒性を示すことが問題となった．そこで Bertozzi らはひずみのかかったアルキンが銅触媒を必要とせずに迅速に反応することに着目した（図 3.20）．8 員環内部にアルキンをもつ化合物は，環構造がひずんだ状態になっている．これがヒュスゲン環化によりアジドと反応してトリアゾール環が形成された場合には，このひずみが解消されることになる．このことが駆動力となり，8 員環内部に存在するアルキンは銅触媒が存在しなくても非常に迅速にアジドと反応する．このことを利用して，Bertozzi らは先にシュタウジンガーライゲーションで行った細胞表面の糖鎖標識を本反応でも行い，細胞培養液内でも適用可能なことを示している．近年このひずみアルキンに関してはさまざまなタイプのものが開発されており，その改良も進んでいる．

以上のように，クリックケミストリーを利用することでアルキンやアジドといった官能基を足場にして，蛍光団やビオチンといったさまざまなタグ分子を導入することができるようになっている．アルキンやアジドは小さな官能基であるため，標的分子の同定や作用機序の解析を進めるにあたって，化合物の活性を損ないにくい理想的なタグといえる．

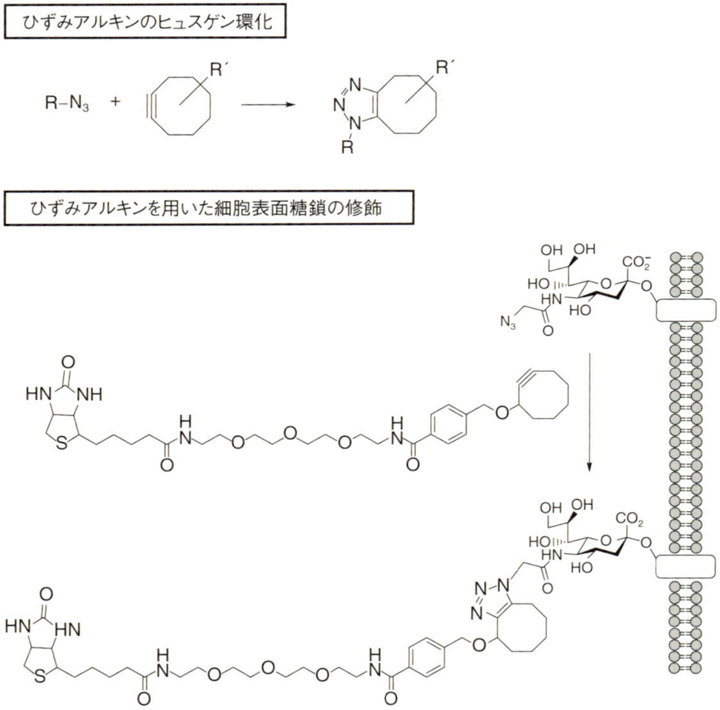

ひずみアルキンのヒュスゲン環化

ひずみアルキンを用いた細胞表面糖鎖の修飾

図 3.20　ひずみアルキンを使ったヒュスゲン環化

参考文献

[1] Kolb, H. C., *et al*. (2001) *Angew. Chem. Intl. Ed*., **40**, 2004–2021.

[2] Rostovtsev, V. V., *et al*. (2002) *Angew. Chem. Intl. Ed*., **41**, 2596–2599.

[3] Saxon, E., Bertozzi, C. R. (2000) *Science*, **287**, 2007–2010.

[4] Agard, N. J., *et al*. (2004) *Am. Chem. Soc*., **126**, 15046–15047.

[5] Worrell, B. T., *et al*. (2013) *Science*, **340** (6131), 457–460.

3.5 プロテオミクス

2000年にヒトゲノムが解読されたことにより，これまでタンパク質の一つひとつを対象に進めてきた生物学の研究が大きく変わった．なかでも生体内のタンパク質全体を対象にして研究を行う“プロテオミクス”は，化学・生物・情報学といったさまざまな分野の成熟により可能になった技術といえる．細胞内ではひとつのタンパク質が複数のタンパク質に作用し，これらの作用が複雑に絡み合うことでホメオスタシスが維持されている．したがって，単一のタンパク質–タンパク質相互作用を理解するだけでは，細胞内での現象を理解することはできず，複数のタンパク質群を同時に解析することが必須である．ケミカルバイオロジーにおいてもまたこの新しい“プロテオミクス”の分野に進出し，タンパク質群を網羅的に解析する研究が行われている．ここでは，酵素の触媒中心に着目したプロテオミクス研究を取り上げる．

3.5.1 活性に基づくタンパク質プロファイリング

セリンヒドロラーゼはその触媒中心にセリンを有する加水分解酵素（ヒドロラーゼ）の総称である．2.4.3項で述べたセリンプロテアーゼはその一種であり，その加水分解機構はセリンヒドロラーゼ全般に共通する（図2.24，図3.21）．フルオロリン酸を有する化合物はセリンヒドロラーゼを全般的に阻害することが知られおり，その作用機序は求核性のセリンヒドロキシ基（触媒三残基（catalytic triad）のひとつ）を不可逆的に修飾するものである（図3.21）．他の阻害剤も同様にセリン残基と共有結合を形成するものが多く，セリンヒドロラーゼ阻害剤は作用する酵素と強固な共有結合を形成する性質をもつことになる．

コラム 9

アルキンが拓く低分子化合物の生細胞イメージング

ヒュスゲン環化反応がクリックケミストリーの代表的な反応として汎用されるようになった最大の理由は，用いるアルキンおよびアジド標識基が小さいからであろう．分子を観察するための目印として一般に使用される蛍光色素は低分子化合物と同等以上の大きさをもつため，低分子化合物に結合させた場合に化合物本来の性質が変わり，標識体の生物活性が減弱してしまうことが多い．一方，アルキンのように十分に小さな標識を導入した標識体が目的の部位に到達したのちに反応を介して蛍光標識を導入すれば（クリックケミストリー），大きな蛍光色素の影響を回避することができる．

このしくみを巧みに利用した例として，市販の細胞増殖可視化プローブ EdU（5-エチニル-2'-デオキシウリジン）がある．細胞の DNA 合成時に核酸のミミックとして取り込まれた EdU は，ヒュスゲン環化反応により速やかに蛍光標識化され，細胞増殖が簡便に調べられる．しかしながら核という細胞の奥深くでヒュスゲン反応を行うためには，通常，細胞を固定あるいは溶解させなければならないため，EdU の取込みを生きた細胞で観察することはできない．また，高速かつ高選択的に進行するとはいえ，反応を介する以上，反応による時間差や選択性をつねに考慮しなければならない．もし，アルキンのように小さく細胞内安定性が高い標識を生細胞中で直接検出（クリックフリー）することができれば，より理想的な生細胞イメージングが行えるだろう．

これを現実にしたのが“アルキンタグラマン（Raman）イメージング”とよばれるアルキンを目印としたラマン顕微鏡法である．細胞内にはほとんど含まれていないアルキン三重結合が与えるラマン散乱をラマン顕微鏡で検出することで，アルキン標識化合物を生きた細胞の中で特異的に観察できる．細胞内に取り込まれた EdU がもつアルキン（2122 cm^{-1}）が DNA の集積する核に局在している様子を図に示す．ラマン顕微鏡法の優れている点は，高い波数分解

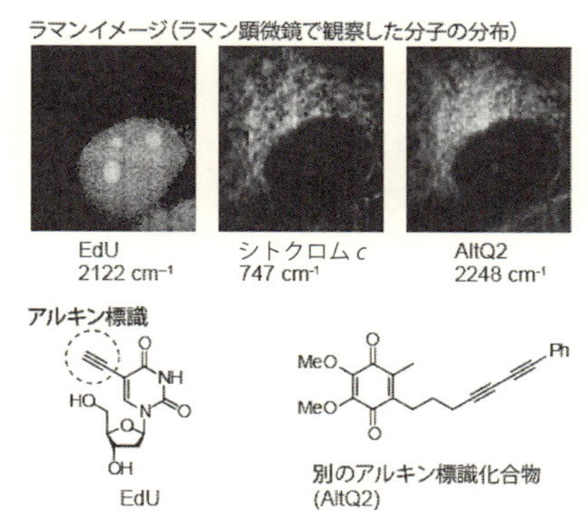

図　アルキン標識化合物のラマンイメージ（Yamakoshi, H., *et al.*（2012）*J. Am. Chem. Soc.,* **134**, 20687.　一部改変）

能で異なる波数をもつ分子の分布を同時に観察できることである．そのため，シトクロム *c*（747 cm^{-1}）のように細胞内に含まれる分子の分布も無染色で同時に取得できる．また，置換様式が異なるアルキンをうまく利用することで，他のアルキン標識化合物（2248 cm^{-1}）を区別して同時に観察することができる．

現在のラマン顕微鏡は感度という点で蛍光顕微鏡に劣るのが課題である．高感度ラマン顕微鏡の開発や *in vivo* ラマン分光への応用が活発に研究されており，アルキンタグラマンイメージングの活躍の場はさらに広がるであろう．

[1] Yamakoshi, H., *et al.*（2011）*J. Am. Chem. Soc.*, **133**, 6102.
[2] Yamakoshi, H., *et al.*（2012）*J. Am. Chem. Soc.*, **134**, 20681.

（名古屋市立大学薬学部　山越博幸）

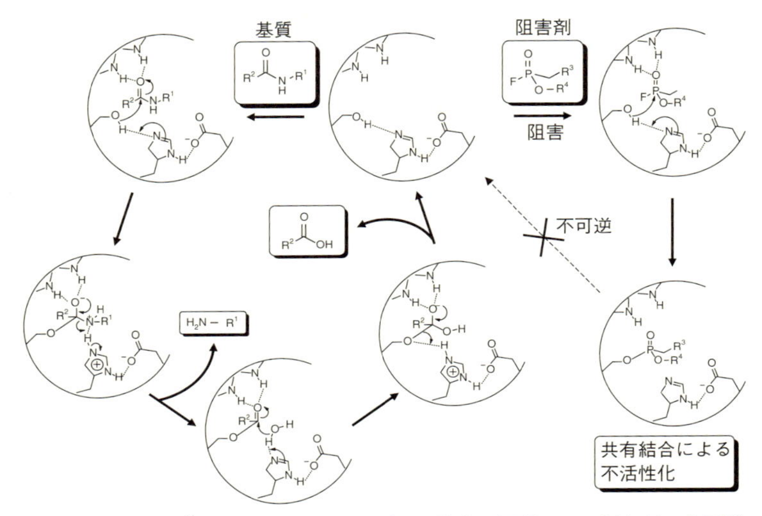

図 3.21　セリンプロテアーゼによるペプチド結合の切断とその阻害剤の作用機序

B. F. Cravatt はこれに着目し，セリンヒドロラーゼと反応する阻害剤に標識となる官能基を導入することで，細胞内に存在する種々のセリンヒドロラーゼ活性を網羅的に検出することを計画した．そこで，Cravatt はフルオロリン酸にリンカーを挟んでビオチンや蛍光団のような標識分子を導入した化合物であるFP プローブを設計し合成した（図 3.22）．これを細胞抽出液と混ぜることで，さまざまなセリンヒドロラーゼを同時に標識し，さらには組織によって異なる活性を示すものや既存の阻害剤で阻害されるものが見出された．このように特定のタンパク質群を発現量ではなく，酵素活性でプロファイルする手法を Cravatt は活性に基づくタンパク質プロファイリング（activity-based protein profiling；ABPP），そのため

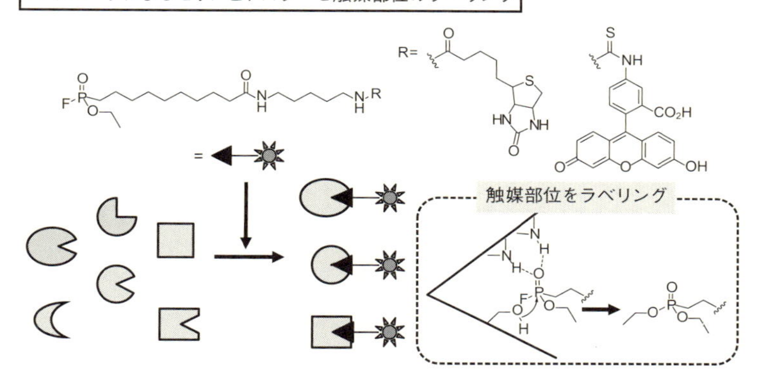

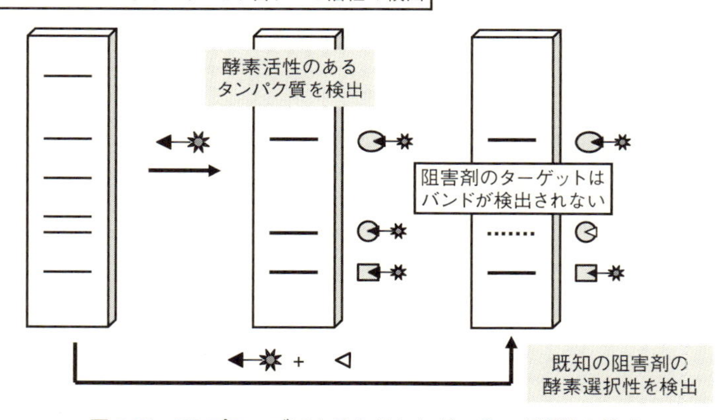

図 3.22 FP プローブによるセリンヒドロラーゼ活性の検出

に用いる低分子化合物を活性に基づくプローブ（activity-based probe；ABP）と名づけ，プロテオミクス研究におけるひとつの手法として提案した．

一般的なプロテオミクス研究では，検出感度の問題から発現量の多いタンパク質が研究対象とされやすい傾向がある．しかしながら，ABPPでは酵素活性の高いタンパク質ならば発現量が少なくても同定することができ，活性を指標にすることから生体内で重要な役割を果たすタンパク質を見出すことができる．のちにCravattらは酵素と反応する部位をより広範な反応性をもつフェニルスルホン酸塩とし，これに標識分子が反応を邪魔しないようにクリックケミストリーを利用してアルキンタグを導入した化合物を開発した（図3.23）．この化合物は生細胞内の酵素群を標識するのみならず，動物個体でも酵素を標識することができ，クリックケミストリーとの組合せが非常に大きな進歩をもたらした研究といえる．

3.5.2　変異キナーゼおよびATPアナログを用いたキナーゼ基質の同定

キナーゼ（kinase）ファミリーは，タンパク質中のセリン，トレオニン，チロシンのヒドロキシ基をリン酸化することでその機能を制御する酵素群である．ヒトゲノムからその数は518個存在することが推定されており，非常に相同性の高いATP結合部位とそれぞれに特徴的な基質認識部位をもつ．1つのキナーゼは，複数のタンパク質をリン酸化することでシグナル伝達のカスケードを形成する．したがって，特定のキナーゼがどのタンパク質をリン酸化するかを明らかにすることはキナーゼの研究において非常に大きな命題である．しかしながら，1つのタンパク質が複数のキナーゼでリン酸化されるケースもあり，キナーゼを過剰発現させたり，発現抑制

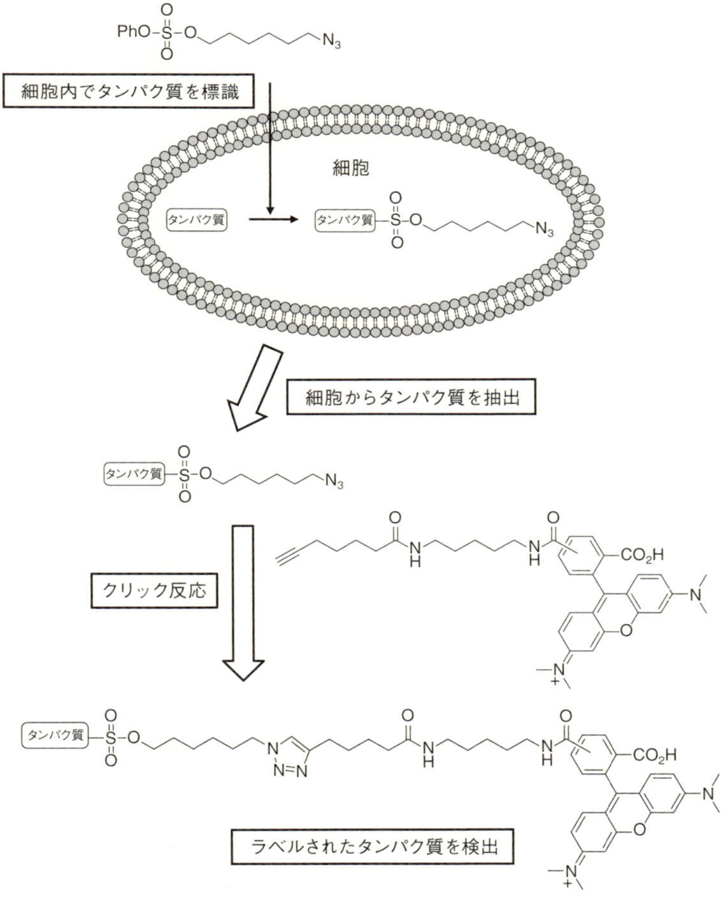

図 3.23　クリックケミストリーを用いた ABPP

したりする生物学的手法では基質を特定できなかった．これに対して，K. M. Shokat らは化合物とキナーゼの双方を修飾することでその基質を同定する研究を行っている．先に述べたように，キナーゼファミリー内で ATP 結合部位は非常に相同性が高い．Shokat らはこれを逆に利用して，この ATP 結合部位に特定のATP アナログだけを認識するように変異を加え，変異を加えたキナーゼ（analog specific kinase; AS kinase）の基質を同定することを計画した（図 3.24）．

まず Shokat らが研究対象として選んだのは Src というチロシン

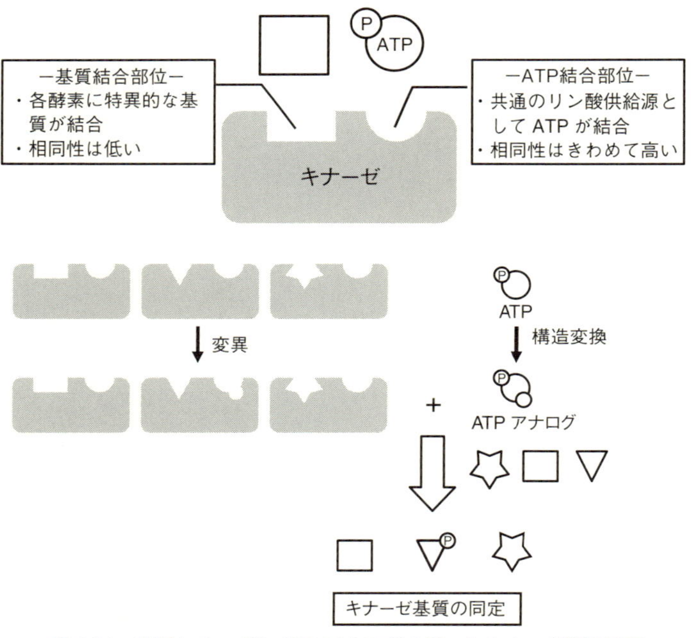

図 3.24　変異キナーゼと ATP アナログを用いたキナーゼ基質同定

キナーゼである．Src はウイルスによる発癌の原因遺伝子としてはじめて同定されたものであり，ウイルスがもつ遺伝子（v-*Src*: viral *Src*）は細胞が本来もつ遺伝子（c-*Src*: cellular *Src*）が変異したものであり，その変異がキナーゼ活性を大きく変化させて細胞そのものを癌化させるまでに至る．したがって，その基質を明らかにすることが癌化のメカニズムの解明へとつながることが期待される．Shokat らは，まず類縁の cAMP-依存性キナーゼの X 線構造解析（図 3.25）をもとに ATP アナログを設計した．共結晶中でアデニン 6 位窒素近傍にはバリンやメチオニン（v-Src ではイソロイシン）といったアミノ酸の側鎖が存在し，アデニンがちょうど収まるサイズのポケットを形成している．そこでまず，ATP のアデニン 6 位窒素にさまざまな置換基を導入し，これら側鎖と立体障害により結合しなくなる ATP アナログの探索を行った．その結果，疎水性のかさ高い官能基を入れた ATP アナログは野生型の v-Src では基質として使われないことがわかった．そこで，次に立体障害の原因となるアミノ酸を側鎖の小さなアラニンに変異させ新たなポケットを形成すれば変異キナーゼがこの ATP アナログを認識できるのではな

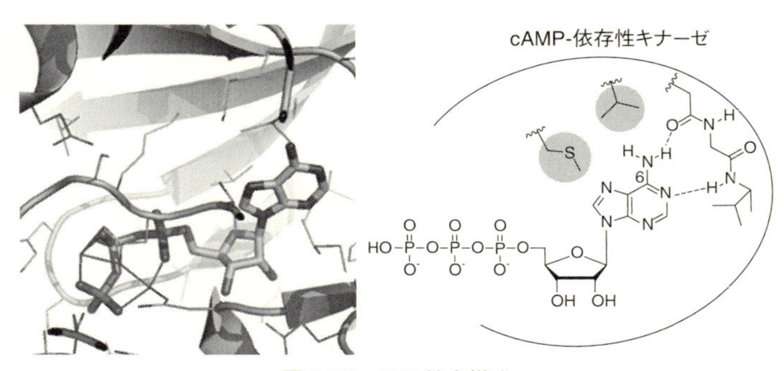

図 3.25　ATP 結合様式

いかと考え，変異体の作製を検討した．その結果，アデニン6位窒素近傍に位置する323番目のバリンおよび338番目のイソロイシンをアラニンに変異させたv-SrcではATPアナログは基質として認識された（図3.26）．最終的にShokatらは338番目のイソロ

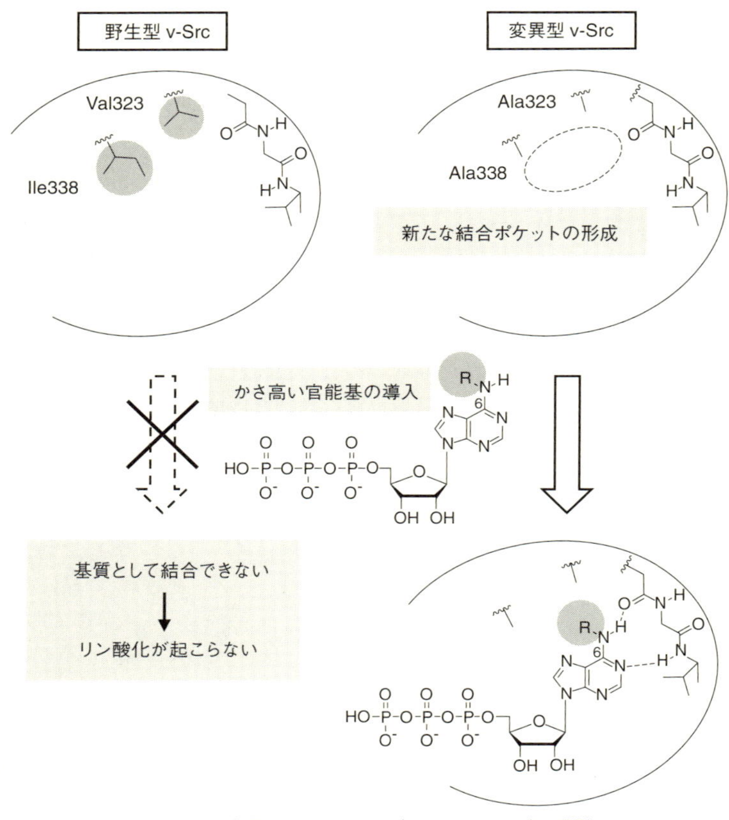

図3.26　変異キナーゼおよびATPアナログの設計

イシンをグリシンに変換した変異型 v-Src と放射性標識された ATP アナログの組合せで当初の計画どおり，細胞内で変異型 v-Src でリン酸化される基質タンパク質の同定にも成功している．

以上のように生物学の新しい分野である“プロテオミクス”においても，ケミカルバイオロジーの力を十二分に活用することでまったく新しい切り口で研究が展開されている．今後も生命現象の解明において，ケミカルバイオロジーの貢献は大きくなると期待される．

参考文献

[1] Liu, Y., *et al*. (1999) *Proc. Natl. Acad. Sci. USA*, **96**, 14694–14699.
[2] Kidd, D., *et al*. (2001) *Biochemistry*, **40**, 4005–4015.
[3] Speers, A. E., *et al*. (2003) *J. Am. Chem. Soc*., **125**, 4686–4687.
[4] Shah, K., *et al*. (1997) *Proc. Natl. Acad. Sci. USA*, **94**, 3565–3570.
[5] Shah, K, Shokat, K. M. (2002) *Chem. Biol*., **9**, 35–47.
[6] Allen, J. J., *et al*. (2005) *J. Am. Chem. Soc*., **127**, 5288–5289.

おわりに
—ケミカルバイオロジーの将来—

現在では，細胞に遺伝子を導入したりノックダウンしたり，あたりまえのように行われるようになった．PCR で遺伝子を増幅させることもできるし，DNA の塩基配列を決定することも，あっという間にできるようになった．しかし，これら遺伝子工学の発展は，オリゴヌクレオチドの固相合成法の確立によってもたらされたものであり，まさに化学が生命科学研究に革命をもたらしたといっても過言ではない．21 世紀に入って達成されたヒトゲノムの解読もその延長線上にあり，この 40 年ほどの間に，生命のしくみに関する理解が飛躍的に進んだ．そして明らかになったことは，生命機能の制御の分子機構は，われわれが想像していたよりもはるかに複雑だということではないだろうか．

核酸は，単に遺伝情報を蓄え，タンパク質合成の鋳型となるだけでなく，RNA 自体が多彩な機能を担っていることが明らかになりつつある．ひとつの遺伝子に由来する RNA から，プロセシングの違いによって，複数のタンパク質が生成し，さらに多様な化学修飾を受け，その機能が調節されている．ひとつのタンパク質が複数の機能を担ったり，別のタンパク質と複合体を形成してはじめて機能を発揮したりすることもある．核酸やタンパク質といった生体高分子だけでなく，脂質や糖質，あるいはバラエティーに富んだ低分子化合物が，生体の中で合成され，タンパク質の機能の調節や情報伝達分子としてはたらいている．

遺伝子工学だけでは明らかにできない未知の問題がまだまだたくさんある．新しい低分子化合物の発見や創製が，そういう未知の生命現象を解く鍵となるであろう．また，新しい化学的手法の開発が，これまで見えなかったものの検出を可能にし，捕らえられなかった標的の同定を可能にすることによって，未知の世界を拓いていくものと思われる．

本書では，バイオロジー研究に多大な貢献をした化合物や化学的手法のほんの一部しか紹介することができなかったが，現在でも続々と新しい化合物や手法が開発されている．ケミカルバイオロジー研究の重要性はますます大きくなっており，化合物の構造と性質，そして反応性を理解し操ることができる化学者が，生命科学の問題を発掘し，本気で立ち向かっていくことで，生命科学研究はいっそうの進展を遂げるであろう．本書の読者のなかから，ケミカルバイオロジーの将来を担う研究者が生まれることを願っている．

索　引

【欧文・略語】

【ア行】

【カ行】

【サ行】

【タ行】

【ナ行】

【ハ行】

【マ行】

【ヤ行】

【ラ行】

〔著者紹介〕

上村大輔（うえむら　だいすけ）

1973年　名古屋大学大学院理学研究科博士後期課程単位取得満期退学
現　在　神奈川大学特別招聘教授，理学博士
専　門　生物有機化学，生物分子化学，ケミカルバイオロジー

袖岡幹子（そでおか　みきこ）

1983年　千葉大学大学院薬学研究科博士前期課程修了
現　在　理化学研究所袖岡有機合成化学研究室　主任研究員，薬学博士
専　門　有機合成化学，ケミカルバイオロジー

阿部孝宏（あべ　たかひろ）

2005年　京都大学大学院農学研究科博士後期課程修了
現　在　神奈川大学天然医薬リード探索研究所　研究員，博士（農学）
専　門　醗酵生理学，ケミカルバイオロジー

闐闐孝介（どど　こうすけ）

2004年　東北大学大学院工学研究科博士後期課程修了
現　在　理化学研究所袖岡有機合成化学研究室　専任研究員，博士（工学）
専　門　医薬化学，ケミカルバイオロジー

中村和彦（なかむら　かずひこ）

1996年　慶應義塾大学大学院理工学研究科博士後期課程修了
現　在　慶應義塾大学理工学部基礎教室，名城大学薬学部研究員，
　　　　博士（理学）
専　門　生体物質化学

宮本憲二（みやもと　けんじ）

1992年　慶應義塾大学大学院理工学研究科化学専攻博士後期課程修了
現　在　慶應義塾大学大学院理工学研究科　准教授，博士（理学）
専　門　生物機能化学

化学の要点シリーズ　18　*Essentials in Chemistry 18*

基礎から学ぶケミカルバイオロジー

Essentials of Chemical Biology

2016年11月25日　初版 1 刷発行

著　者　上村大輔・袖岡幹子・阿部孝宏・闐闐孝介・中村和彦・宮本憲二

編　集　日本化学会　©2016

発行者　南條光章

発行所　**共立出版株式会社**

［URL］　http://www.kyoritsu-pub.co.jp/

〒112-0006 東京都文京区小日向4-6-19　電話 03-3947-2511（代表）

振替口座　00110-2-57035

印　刷　藤原印刷

製　本　協栄製本　　　　　printed in Japan

検印廃止

NDC　464

ISBN 978-4-320-04423-4

一般社団法人
自然科学書協会
会員